中国盆景赏石

2012-9
September 2012

中国林业出版社 China Forestry Publishing House

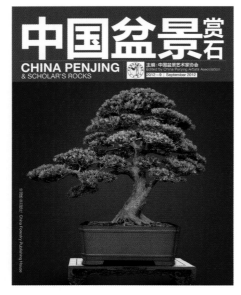

向世界一流水准努力的
——中文高端盆景媒体

《中国盆景赏石》

世界上第一本多语种全球发行的大型盆景媒体
向全球推广中国盆景文化的传媒大使
为中文盆景出版业带来全新行业标准

《中国盆景赏石》
2012年1月起
正式开始全球（月度）发行

图书在版编目（CIP）数据

中国盆景赏石·2012.9/ 中国盆景艺术家协会主编 .-- 北京：中国林业出版社，2012.9
ISBN 978-7-5038-6758-3
Ⅰ.①中… Ⅱ.①中… Ⅲ.①盆景 - 观赏园艺 - 中国
②观赏型—石—中国 Ⅳ.① S688.1-55
② TS933-55
中国版本图书馆 CIP 数据核字 (2012) 第 224435 号

责任编辑：何增明　陈英君
出　版：中国林业出版社
　　　　E-mail:cfphz@public.bta.net.cn
　　　　电话：(010) 83286967
社　址：北京西城区德内大街刘海胡同 7 号
　　　　邮编：100009
发　行：新华书店北京发行所
印　刷：北京利丰雅高长城印刷有限公司
开　本：230mm×300mm
版　次：2012 年 9 月第 1 版
印　次：2012 年 9 月第 1 次
印　张：8
字　数：200 千字
定　价：48.00 元

主办、出品、编辑：中国盆景艺术家协会
E-mail: penjingchina@yahoo.com.cn
Sponsor/Produce/Edit: China Penjing Artists Association

创办人、总出版人、总编辑、视觉总监、摄影：苏放
Founder，Publisher，Editor-in-Chief，Visual Director，Photographer：Su Fang
电子邮件：E-mail：sufangcpaa@foxmail.com

《中国盆景赏石》荣誉行列——集体出版人（以姓氏笔画为序）：
于建涛、王永康、王礼宾、申洪良、刘常松、刘传刚、刘永洪、汤锦铭、李城、李伟、李正银、芮新华、吴清昭、吴明选、吴成发、陈明兴、罗贵明、杨贵生、胡世勋、柯成昆、谢克英、曾安昌、樊顺利、黎德坚、魏积泉

名誉总编辑 **Honorary Editor-in-Chief：**苏本一 Su Benyi
名誉总编委 **Honorary Editor：**梁悦美 Amy Liang
名誉总顾问 **Honorary Advisor：** 张世藩 Zhang Shifan

美术总监 **Art Director：**杨竞 Yang Jing
美编 **Graphic Designers：**杨竞 Yang Jing　杨静 Yang Jing　尚聪 Shang Cong
摄影 **Photographer：**苏放 Su Fang　纪武军 Ji Wujun
编辑 **Editors：**雷敬敷 Lei Jingfu 闫静 Yan Jing

编辑报道热线：010-58693878（每周一至五：上午9：00-下午5：30）
News Report Hotline：010-58693878（9：00a.m to 5：30p.m，Monday to Friday）
传真 **Fax：**010-58693878
投稿邮箱 **Contribution E-mail：**CPSR@foxmail.com
会员订阅及协会事务咨询热线：010-58690358（每周一至五：上午9：00-下午5：30）
Subscribe and Consulting Hotline：010-58690358（9：00a.m to 5：30p.m，Monday to Friday）
通信地址：北京市朝阳区建外SOHO16号楼1615室 邮编：100022
Address：JianWai SOHO Building 16 Room 1615, Beijing ChaoYang District, 100022 China

编委 **Editors**（以姓氏笔画为序）：于建涛、王永康、王礼宾、王选民、申洪良、刘常松、刘传刚、刘永洪、汤锦铭、李城、李伟、李正银、张树清、芮新华、吴清昭、吴明选、吴成发、陈明兴、陈瑞祥、罗贵明、杨贵生、胡乐国、胡世勋、郑永泰、柯成昆、赵庆泉、徐文强、徐昊、袁新义、张华江、谢克英、曾安昌、鲍世骐、潘仲连、樊顺利、黎德坚、魏积泉、蔡锡元、李先进

中国台湾及海外名誉编委兼顾问：山田登美男、小林国雄、须藤雨伯、小泉薰、郑成恭、成范永、李仲鸿、金世元、森前诚二
China Taiwan and Overseas Honorary Editors and Advisors：Yamada Tomio, Kobayashi Kunio, Sudo Uhaku, Koizumi Kaoru, Zheng Chenggong, Sung Bumyoung, Li Zhonghong, Kim Saewon, Morimae Seiji

技术顾问：潘仲连，赵庆泉、铃木伸二、郑诚恭、胡乐国、徐昊、王选民、谢克英、李仲鸿、郑建良
Technical Advisers：Pan Zhonglian, Zhao Qingquan, Suzuki Shinji, Zheng Chenggong, Hu Leguo, Xu Hao, Wang Xuanmin, Xie Keying, Li Zhonghong, Zheng Jianliang

协办单位：中国罗汉松生产研究示范基地【广西北海】、中国盆景名城——顺德、《中国盆景赏石》广东东莞真趣园读者俱乐部、广东中山古镇缘博园、中国盆景艺术家协会中山古镇缘博园会员俱乐部、漳州百花村中国盆景艺术家协会福建会员俱乐部、南通久发绿色休闲农庄公司、宜兴市鉴云紫砂盆艺研究所、广东中山虫二居盆景园、漳州天福园古玩城

驻中国各地盆景新闻报道通讯站点：鲍家盆景园（浙江杭州）、"山茅草堂"盆景园（湖北武汉）、随园（江苏常州）、常州市职工盆景协会、柯家花园（福建厦门）、南京市职工盆景协会（江苏）、景铭盆景园（福建漳州）、趣怡园（广东深圳）、福建晋江鸿江盆景植物园、中国盆景大观园（广东顺德）、中华园（山东威海）、佛山市奥园置业（广东）、清怡园（江苏昆山）、樊氏园林景观有限公司（安徽合肥）、成都三邑园艺绿化工程有限责任公司（四川）、漳州百花村中国盆景艺术家协会福建会员交流基地（福建）、真趣园（广东东莞）、屹松园（江苏昆山）、广西北海银阳园艺有限公司（广西）、湖南裕华化工集团有限公司盆景园、海南省盆景专业委员会、海口市花卉盆景产业协会（海南）、海南鑫山源热带园林艺术有限公司、四川省自贡市贡井百花苑度假山庄、遂苑（江苏苏州）、厦门市盆景花卉协会（福建）、苏州市盆景协会（江苏）、厦门市雅石盆景协会（福建）、广东省盆景协会、广东省顺德盆景协会、广东省东莞市茶山盆景协会、重庆市星星矿业盆景园、浙江省盆景协会、山东省盆景艺术家协会、广东省大良盆景协会、广东省容桂盆景协会、北京市盆景赏石艺术研究会、江西省萍乡市盆景协会、中国盆景艺术家协会四川会员俱乐部、《中国盆景赏石》（山东文登）五针松生产研究读者俱乐部、漳州瑞祥阁艺术投资有限公司（福建）、泰州盆景研发中心（江苏）、芜湖金日矿业有限公司（安徽）、江苏丹阳兰陵盆景园艺社（江苏）、晓虹园（江苏扬州）、金陵半亩园（江苏南京）、龙海市华兴榕树盆景园（福建漳州）、华景园（如皋市花木大世界（江苏）、金陵盆景赏石博览园（江苏南京）、海口锦园（海南）、一口轩、天宇盆景园（四川自贡）、福建盆景示范基地、集美园林市政公司（福建厦门）、广东英盛盆景园、水晶山庄盆景园（江苏连云港）

法律顾问：赵煜
Legal Counsel：Zhao Yu

制版印刷：北京利丰雅高长城印刷有限公司
读者凡发现本书有掉页、残页、装订有误等印刷质量问题，请直接邮寄到以下地址，印刷厂将负责退换：北京市通州区中关村科技园通州光机电一体化产业基地政府路2号 邮编101111，联系人王莉，电话：010-59011332。

胡椒 *Zanthoxylum odorum* 高 80cm 王昆龙藏品 摄影：苏放
Height: 80cm Collector: Wang Kunlong, Photographer: Su Fang

中国盆景赏石

2012-9
CHINA PENJING & SCHOLAR'S ROCKS
September 2012

封面创意设计：苏放

Cover Creative Design: Su Fang

封面："2012"贵妃罗汉松 Podocarpus macrophyllus 高 120cm 宽 130cm

李正银藏品 摄影：苏放

Cover: "2012". "Chaise" Yaccatree. Height: 120cm, Width: 130cm.

Collector: Li Zhengyin. Photographer: Su Fang

封面作品点评——"2012"

Comments on Cover Work

"神龙探海" 贵妃罗汉松 Podocarpus macrophyllus 飘长 130cm

李正银藏品 摄影：苏放

"Dragon in the sea". "Chaise" Yaccatree. Length: 130cm. Collector: Li Zhengyin. Photographer: Su Fang

中国盆景赏石

2012-9
CHINA PENJING & SCHOLAR'S ROCKS
September 2012

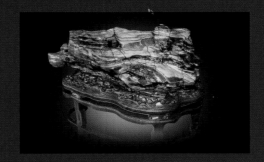

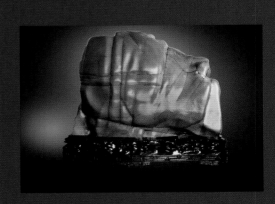

世界明天是否还会如此？
——从李正银的北海罗汉松谈到"后现代盆景"
Will the World's Tomorrow Remain Like This?
—Referring to "Post-modern Penjing" from Beihai Podocarpus Macrophyllus of Li Zhengyin

文：苏放　Author: Su Fang

爷爷作树孙子看，这是盆景生长太慢造成的一个让人伤心不已的事实，也是让全球的年轻人对成为职业盆景人感到畏惧的一个重大原因。但这个事实就要被你们现在拿到的这本《中国盆景赏石·2012-9》的封面作品——来自中国北海的李正银先生的罗汉松"2012"宣告作古！

看看封面吧：一棵地径（树干最粗处直径）当初只有 3~4cm 的小树苗，仅仅 7 年就变成了现在这棵树干直径达 20cm、树高 115cm、树冠宽度 140cm 的初具规模的大树型罗汉松盆景！

过去要花 20 年时间完成的事，现在只需 6 到 7 年！这还不算最快的！李正银先生在中国北海培养的罗汉松中，直径增粗速度最快的甚至有一年超过 5cm 的实例！一年增粗 5cm，10 年就是 50cm 啊！50cm 直径的罗汉松的"树龄"给人的是什么概念啊？！

这是一个革命性的时刻！因为它开启了很多人对未来的想象。

本期封面故事的主人公李正银这个名字，也因此很有可能成为中国未来的新盆景历史中一个重要的名字，因为他的罗汉松快速成型的技术为全世界的盆景创作提供了一种全新的植物生理的技术能力的想象！你的创作结果不再需要几十年了！你的有生之年甚至可以看到过去必需 3~5 代的成型盆景作品！而且如果罗汉松行，那别的呢？不是也有可能么？

您对此有什么感想呢？不夸张地说，我想到了一个词——革命。

是的，这是松柏类盆景历史上一次关于"时间"的植物生理的技术革命。这对一直头疼于中国盆景"盆龄"太年轻的中国艺术家们无疑是一个具有革命性的重大信息！也为全世界的罗汉松盆景艺术家们展现了一种全新的前瞻性。

罗汉松过去在中国大陆是一个非常受欢迎但生长速度很慢的树种，4cm 直径的大苗每

年直径的增粗一般不会超过 1cm。一棵小苗长成直径 20cm 以上的成型树通常需要 20 年以上的时间。假定一个罗汉松艺术家在他 40 岁的黄金创作期时开始培育一棵罗汉松小苗，20 年后他 60 岁时小孙子出生的时候他才能看到他 40 岁时构思的作品的结果，这是一件多么残酷的事啊。但现在，这个事实在 2012 年就要被本期封面的'2012'这样的盆景变成历史了。

是的，这绝对是一件值得记载在 2012 年的全球盆景历史中的一个重大事件！

今后的全球盆景教授们授课时至少应该加上一句话：如果你们有机会在中国培植你们的罗汉松作品的话，你们不再需要等到孙子出生时才能看到自己的成型作品了。假定你现在 23 岁，你 30 岁的时候肯定可以看到你的大批成熟作品了；如果你 50 岁了，在你 57 岁依然"年轻"的时候你也可以看到结果了。

李正银的罗汉松快速成型技术的第二个革命性意义也许更为重大，就是他把创作和完成作品的时间大大提前后使得盆景创作观念的革命出现了一个物理上的重大可能！至少，盆景创作的植物生理方面的瓶颈被大大地缩小了。简单点说，也许后现代盆景的革命来临的时间会因此提前至少十几年的时间。十几年？一个艺术家一生中的黄金创作时间能有几个十几年呢？

因为制作本期的封面故事，我又开始想到后现代盆景这个话题。

什么是文化？文化就是人类花了几千年的时间试图来理解自己到底是怎么一回事。我们从哪来？我们要到哪里去？所有的哲学、文学、美学、音乐、绘画、电影、生活方式，当然最后还有盆景其实表达的都是这个。

想一想人一辈子所做的不外两件事：一个是谋生，另一个是游戏——给自己找乐子。如果你把每天闭上眼睛进入梦乡想象成离开这个世界，把每天醒来睁开眼睛想象成诞生

来到了这个世界，那么你会发现你的一生豁然开朗地出现了很多想象的空间，离开时所有人都是一样的，无论男女老少贫富，绝对地平等！而醒来是残酷而又有诱惑力的，你看到了一个充满了拼杀和竞争但也可能出现如中了头奖大乐透的机会世界。

谋生这事很枯燥，而游戏永远都充满了诱惑，盆景因此成了我们这个圈子中很多人最大的乐子。想想看，你甚至可能只是因为这个小小的私人爱好不经意间就成为全中国乃至全世界大批粉丝崇拜的明星人物和"大师"，甚至可能发家致富，甚至可能富上加富，或者一棵 2 年生小破树苗，10 年后变成了一个不可思议的"大美人儿"，这样的乐子，上哪儿去找啊？一个老前辈曾经以一种令人快要流泪的真诚表情拍着我的肩膀说：小苏啊，这个世界上真的没有比盆景更好的东西了，又好玩，又好看，又挣钱，我真的没法给你形容它到底有多好，只能说，它真的是太好了！

当然，不是所有的人都能把游戏玩到这个境界，相反，我们很多人为了挣上自己的第一个 100 万从而开始憧憬"有一天买上一盆扳倒所有对手的顶级大家伙"或者一盆让你"久久说不出一句话"的"惊世之作"，不得不在每一天为谋生焦虑和奔波，或者站在我们的"竞争对手"面前露出我们人类内心深处的"人性狰狞"的一面。

站在盆景面前，特别是那种如"惊世美女"般空前绝后的绝代佳作面前，我总是感叹人生太短，而宇宙又太大，谋生是苦事，游戏是乐事，要是你问我有了钱最想买的是什么，我的回答其实是：时间。

有了时间，我们有更多的耐心与盆景一起成长并与它一起分担这个世界的风风雨雨，分享树带给我们的无尽的惊喜和发现。特别是当代世界盆景如果拥有了时间，就有可能为历史增加一个新的词汇——后现代盆景。

在上一期的卷首语中我曾经描述了一个用计算机和基因工程打造后现代盆景的听起来很荒诞的故事。是的，那一天的到来，我们也许还要等上10年或者100年，但仔细想一想，那个故事里面的哪一个技术元素当代社会里不是已经存在的呢？计算机技术？基因技术？生物技术？哪样都不差，差的是什么？其实是人的观念。一方面高技术科学家们他们现在不玩这个，他们忙的都是与诺贝尔奖有关而与盆景无关的事。另一方面，当代盆景人还没有意识到历史其实已经把"创造下一个时代的盆景"的重担递到我们面前了。

前几天，我用一种回溯式的角度阅读了一些世界各地的新老盆景名作，日本、中国、意大利、西班牙、拉丁美洲、韩国，甚至马来西亚、非洲、美国……发现了欧洲一些令人惊叹的新作之余，也感叹了一声："世界不过如此，而且依然如此，但是否明天还会如此？"

请原谅我是一个如此"不知足"的人。

如果简单地把世界盆景历史分为古典盆景、现代盆景、当代盆景3个阶段的话，当代盆景人对盆景历史做出的贡献是什么呢？

首先要说的当然是全世界所有最优秀的盆景创作大师们都为世界盆景历史做出了贡献，因为从艺术和历史的角度看，这些人所代表的群体在他们所处的时代做出了超出大众想象和引领了世界潮流的顶级作品，而他们的高度，别人可能达到但还没有被超越，并且已经成为教科书级的经典之作。特别是我们中国的当代盆景大师赵庆泉先生为现代盆景贡献了水旱盆景这种全新的视觉语言。我甚至在欧洲、美国都看到了这种中国盆景语言的影响。

看看全球大师们当年的作品，我今天依然非常感叹！无论视觉和空间的极端夸张的探索，艺术理念的繁荣和探究，线条组织的鬼斧神工的张力，结构的跌宕不驯和出其不意，出枝创意的空前绝后的想象力，植物的培养技术和指向性思维，"道悟"的深度，跨行业视野的宽度，那种只有大艺术家才有的鸟瞰世界、指点江山的大气磅礴的肆意的气质……我都只能说一个字：好！

我前面所说的"世界不过如此而且依然如此"中的"此"就是指的这个群体所代表的松柏盆景的终极水平。有的人简直把事儿已经给干绝了。你若在这个世界里用他们的标准去超过他们的话，把自己累死3次可能都不够，有的作品别说超过了，能达到你就可以把自己好好夸一遍了。不信你可以试一试。

但我还想说：现代世界盆景从他们为代表的人群开始，又以他们为代表在当代盆景这里达到了顶点或者说瓶颈。我的意思是说，现在的世界盆景作品里，没有出现过视觉和创意总体水平线上超过这个群体的东西。有的话，相信我们大家早就知道了。但是，这种苗头不一定没有，相信10年内我们就可以看到端倪。

下一个时代的盆景一定是跳出了现有框框的后现代盆景，它将在当代盆景的遗产上发芽、生根，并接棒，然后在跳出上一代甚至三代人的思维定式后产生什么样？坦率说不知道。但我可以告诉你历史定能闻到它的味道。

什么味道？跨越了当代盆景思维方式的后现代盆景的味道！

2012年快得令人恐怖。这一年的每一天，遍布世界各个角落的网络终端、传感器、云计算中心、移动信息、在线交易和社交网络生成上百万兆字节的数据；每个月，全球发布10亿条Twitter信息和300多亿条Facebook和微博信息。预计到8年之后的2020年全球数字信息总量将增长44倍。

我的天，如果你想象一下你的年龄8年后增长到你现在的44倍时，你会是什么感觉？如果再想象一下，现在的盆景的水平8年后能提高到现在的44倍会是什么感觉？呵呵，用数字逗你开心一下。

这一期的封面故事人物是我的一个前辈也是非常好的私人朋友李正银先生，站在他面前我经常想到很多事情：

1. 他很少说话但做事很快别人还没明白，他已经把一个小爱好变成了一个令人震惊的大产业，成为了对未来的中国甚至全球的罗汉松市场有定价发言权的一个超级"盆景人"。

2. 这个人很成功但却很谦虚，活得一点不浮躁，平和而淡定，我从未在他的一言一行中发现过哪怕一点点"老子有钱所以是大爷"那种我们大家没少见到的可怜又可笑的"暴发户"式的张扬言行和蛛丝马迹。他甚至对很多并不如自己成功的"小老板"或普通人却像"大老板"那样尊重有加，谦虚求教。我觉得人有钱很容易，但有钱后能这样做人让我对他总是心生敬意。什么叫"实力"？什么叫修养？我觉得这种做人的态度就是了。因为他根本无须多言，也没兴趣去跟人争个高下。正应了一个朋友的话：越大的老板越好处，越没自我的人越需要张扬，因为他不够成功嘛。

3. 他的运气真好，一个喜欢罗汉松的人还把这个变成了一个前景无限好的大生意。又玩了，又赚钱，让人很羡慕他。他曾跟我说他干一个房地产要盖几十个章，有时简直要烦死。而罗汉松几乎就是晒晒太阳浇浇水，多幸福啊！

4. 他是一个为未来而生的人，观察他的人生轨迹，发现他的每一个人生阶段都远远走在了当时的大众的前面。透过他的眼睛我看到的是一个低调但是坚决的预言家的内心世界。

5. 没有多少人知道李正银的观赏石收藏的规模和质量。我只能说，你看了，会晕眩的。

6. 普通人为今天活着，聪明人为明天工作，领袖人物为未来思考。

盆景发展的历史在今天的世界当代盆景作品中已经开始出现了发展瓶颈的迹象，当代盆景需要一支配备了全套18般武艺新式兵器的具备现代艺术新思维能力的突击队！要成为这样的人，不仅要纵横古今，还要学贯中西，用全球性的视野去思考问题，不仅会做，还要有现代艺术的天赋，自己的理论的体系结构，特别是学会用现代艺术的逻辑来思考问题，用现代艺术的视觉语言来表达自己和征服他人。我知道这个很难，但艺术家光自己说好肯定是没用的，世界人民的眼睛是雪亮的，你不用担心它人的智力，海内外很多观众的艺术鉴赏力其实并不比艺术家差甚至可能更好。你的东西好，会有人看得比你还懂你。

盆景的新创意体现出来是需要时间的，历史一定会奖励那些为未来而思考的人，如果盆景的创作领域能多一些为10年20年后的事情而思考的人，那么当代盆景的历史一定会重写，中国是盆景的发源国，在全世界所有的盆景杂志中只是谈文化的文字文章的比例在全球是独一无二也是最高的。在通往未来的路上，我期待着看到中国的艺术家成为未来世界盆景历史的明星！

后现代盆景需要当代盆景艺术家现在就做出对未来的思考和行动，我们正等着那些跨越现有模式的"新思维"。未来的世界，得新思维者得天下！

是的，"玩就玩大的，要不然就不玩"。我知道很多人都正在这样想，当代盆景的各路秀才们，期待着你们！上吧！

Will the World's Tomorrow Remain Like This?
—Referring to "Post-modern Penjing" from Beihai *Podocarpus Macrophyllus* of Li Zhengyin

Grandfather makes the tree for grandsons to watch, this is a sad fact due to the too slow growth of Penjing, which is a major reason making young people around the world becoming a professional Penjing man feel fear. But this fact should be declared as "passing away" by this book of China Penjing Appreciation series 9, 2012's cover work – Mr. Li Zhengyin's Podocarpus macrophyllus from Beihai, China "2012"!

Take a look at the cover: a small sapling with the ground diameter (the thickest diameter of the trunk) of originally only 3-4cm, it only takes seven years to grow into a tree trunk diameter of 20cm, with the height of 115cm, canopy width of 140cm, which is a big tree type Podocarpus macrophyllus Penjing just beginning to take shape!

It only takes 6-7 years to do the things which used to take 20 years to complete? ! This is not yet the fastest! For the Podocarpus macrophyllus being cultivated in Beihai, China, by Mr. Li Zhengyin, the instance of the fastest thickening speed for the diameter is even more than 5cm increase in a year! 5cm of thickening in a year, 50cm in 10 years! What idea will be presented to people with the "tree age" of 50cm diameter Podocarpus macrophyllus ?

This is a revolutionary moment! Because it open up the imagination of many people for the future.

The name of the leading character of the issue's cover story, Li Zhengyin, therefore likely to become an important name in Chinese future new Penjing history, because his rapid prototyping technology has provided the whole world's Penjing creation with a brand-new imagination for the technical capacity of plant physiology! Your creation results no longer need decades! Your lifetime can even see the past Penjing work requiring 3-5 generations for shaping-up! And if Podocarpus macrophyllus is well, how about something else? Isn't there also the possibility?

Do you have any thoughts? Without the slightest bit of an overstatement, I think of one word - revolution.

Yes, this is a technological revolution of plant physiology concerning the "time" in the history of conifer Penjing. This is undoubtedly major revolutionary information for the too young Chinese artists who always have a headache in Chinese Penjing's "basin age"! It also presents a kind of brand-new foresight for the world-wide Podocarpus macrophyllus Penjing artists.

In the past, Podocarpus macrophyllus was a kind of tree species very popular in mainland China, but with very slow growth rate, for the large seedlings of 4cm in diameter, the annual diameter thickening was generally not more than 1 centimeter. A forming tree growing from a seedling into the one with more than 20cm in diameter usually took 20 years. Assume that a Podocarpus macrophyllus artist began to cultivate a Podocarpus macrophyllus seedling in his 40-year-old golden creation period, 20 years later, only when his grandson was born at his age of 60, he was able to see the results of the work designed in his 40s, this is such a cruel thing. But now, the fact in current issue's cover "2012" shall be turned into history for such kind of Penjing.

Yes, this is definitely an important event worth being recorded in the global Penjing history in 2012!

In the future for the global Penjing professors giving lessons, they shall at least add a sentence: If you have the opportunity to cultivate your Podocarpus macrophyllus works in China, you will see your own forming works before the birth of your grandchildren. Assume that you are 23 years old now, and when you are 30-year-old, certainly you can see the large number of matured works of yourself, if you are 50 years old, when you are still "young" at your age of 57, you can also see the results.

The second revolutionary significance of Li Zhengyin's Podocarpus macrophyllus rapid prototyping technology perhaps much greater, that is he has greatly advanced the time for creating and completing his works, and then making the revolution of Penjing creat conception emerge with significant likelihood physically! At least, the bottleneck in terms of the plant physiological aspects for Penjing creation has been greatly reduced. In short, the time for the advent of the revolution regarding the post-modern Penjing may be at least more than 10 years earlier. More than ten years? For the gold creation time in the life of an artist, how many decades will there be?

Due to the production of current issue's cover story, once again I beginning to think of the topic about the post-modern Penjing.

What is culture? Culture is the kind of thing that human beings spend thousands of years trying to find the answers to the questions like who we are? Where are we from? Where is our destination? All the philosophy, literature, aesthetics, music, painting, film, life style and also Penjing actually express these questions.

Speaking of life, as the matter of fact, there are no more than two things that we are busy with in our whole life: one is to make a living, the other one is to have fun--find ourselves some fun. If you assume you are die when you close your eyes and fall to sleep and assume you are reborn when you open your eyes and wake up, then you may find that your life has been out of nowhere and added to much more imaginary spaces. People are equal when they are going no matter who they are and no matter how wealthy they are, definitely equal! But it is cruel and seductive to wake up, you see a full of fierce competitions and rivalry or a lucky world as well as win the frist prize of the lottery.

The whole "life thing" is boring, however, having fun is always full of temptation, Penjing, therefore, has become the biggest fun for some people in our circle. Thinking about this, you may accidentally become a super star, a "great master" and gain a lot of fans' admiration throughout China even the whole world just because this little private hobby. You may earn a big fortune, and even become richer than richer. Or one of your two-year-old little ugly saplings may turn into an amazing "surpassing beauty". You can hardly get such a pleasant experience from other things, I'll say. Once an old predecessor pad my shoulder with an extremely sincere making-your-tear-burst expression, saying: Su, you will never find anything better than Penjing in this world, because Penjing is entertaining, good looking and you can even earn money from that. To be honest, Penjing is too good to be described. It is just… too good!

Of course, not everyone can reach such a high level when he is playing game, on the contrary, hoping to earn the first "one million yuan", many of us start to fancy that one day they will buy a surpassing Penjing that prevails against all others' collections or buy an astonishing one that surprises everyone. So they have to suffer anxieties and rush to work to make their own livings everyday. Sometimes, they even confront our "competitors" with the "human savages" that once had been long hidden deeply inside our hearts.

When I am appreciating Penjing, especially those "surpassing beauty" like, unique Penjing that surpasses the past and future, I always sign with the feelings that life is too short while the universe is so limitless and that making a living is suffering while having fun is pleasing. If you ask me what I would most want buy when I am rich, my answer will actually be: time.

With enough time, we will have more patience to grow up with Penjing; to shoulder disturbances and to share the endless surprise and discoveries from the world. Especially when the contemporary Penjing has enough time, then it may probably add a new word to the history — the post-modern Penjing.

In last issue's preface, I described an absurd story that we may use computer and genetic engineering to make a post-modern Penjing. I admit that maybe we will have to wait for another 10 or even 100 years to see that day coming. But if you think it over carefully, which technique elements in that story don't exist in the contemporary society? Is the computer technology? Is the gene engineering? Is the biotechnology? I don't think any one of them lacks, so what do we lack? As a matter of fact, we lack the concept. For one thing, those high-tech scientists do not care about making Penjing. They are busy with some shit that is directly connected with the Nobel Prize while irrelevant to Penjing. For another thing, the contemporary Penjing enthusiasts haven't realized that the history has called on us to take the burden of making next era's Penjing.

Several days ago, I used a retrospective view to enjoy some famous old and new Penjing works from all over the world. Japan, China, Italy, Spain,Latin America, South Korea, and even Malaysia, Africa, the United states…when I found some European astonishing new Penjing works, I also made a sign: the world is nothing more than this, and still like this, but is tomorrow still like this?

Please forgive me as such an "insatiable" man.

If we simply classify the world Penjing history into classical Penjing stage, modern Penjing stage and contemporary Penjing stage, what contributions the contemporary Penjing enthusiasts have made to the Penjing history then?

Well, I think this topic is good enough to write a book. Maybe someone may start to lose his patience and blame me now: Su Fang, will you please cut the crap and simplify the complex question!

Okay, you got it.

First, certainly I want to make it clear that all the most excellent Penjing great creative masters in the world all have made contributions to the Penjing history. From the angles of both art and history, the groups these people represent have made the most spectacular high-class works which are not only beyond the public imagination but also lead the world trend in the era they live in. Their works have become very classic like those in the textbook, and other artists are not better than, even they might be as good as those masters. Especially our contemporary Penjing master Mr.

Zhao Qingquan, he contributed the new visual language that was Shuihan Penjing for modern Penjing. I still saw the effect of Chinese Penjing language in Europe - the United States.

I still feel shocked when I was looking masters' old works. Their extremely exaggerated explorations on both vision and dimension; their deep investigation and flourishing on the art concept; their extraordinary tension of the figure organizing; their unruly and surprising structure; their unique imagination on creating branches that surpass the past and future; their skills on cultivating plants and directivity thinking; their depth in perceptions and width in striding over industry perspective; and also their magnificent free charms that go beyond the whole universe and lead the world trend... All of their grand qualities can only be summarized by only one word: fabulous!

In the sentence I put at the very outset of this article "the world is nothing more than this, and still like this", the word "this" refers to the ultimate level of pine and cypress Penjing works that group represents. Some people have done the thing to end. You can never go beyond their achievements by using their standards even if you exhaust yourself to die. You can praise yourself if you have achieved the same level as those masters have, letting alone go beyond those achievements. Try it if you don't believe.

But I also want to say that the contemporary world Penjing started from the group those masters represent but those masters also represent those who has met the ultimate top or bottle-neck of the contemporary world Penjing. What I am saying here is that of all the today's Penjing works, there is no any other work goes beyond that group's Penjing work on the overall levels of both vision and creation. If there was, I believe everyone had already known. However, I can't say the sign

does not exist and I believe that we can see the clue within ten years.

If the post-modern Penjing wants to create its own history, as far as I am concerned, there are two kinds of people that we do not need to be the leading artists of the next generation history.

The first kind is those who are unwilling to submit to the "predecessors", saying:my skills of making Penjing are better than that of theirs, if you don't trust me, just ask them to show me what they got, and we can make a Penjing work together to compete. To be honest, I think this is an extremely ignorant and ugly attitude. This attitude will lead to a very serious effect. If you ask how serious, I can guarantee that you will see when you finally realize "who you are" 10 or 20 years later.

The reason is very simple, because the skills and concepts you are using are created not by you but by them, those who you do not submit to but who created those for you many years ago. What's more, anyone who makes such comments always lacks in experience. Anyway, the stupid is fearless.

For another reason, why does this acknowledged group of artists have countless fans who admire them as Penjin heroes, even their works and skills are very familiar to those fans? However, why do those who do not submit to predecessors, whose names and "great works" are always in "solitary isolation"? I think there is only one explanation to these question—the world is actually very fair.

The second kind is those who are just opposite to the first kind. They not only make the contemporary art leaders as their only standards, always be compliant about everything those leaders have said, but also make Penjing according to the modes and

standards those leaders have made.

The first kind is blindless arrogant and fearless stupid. They have neither hope nor future. The second kind is respectable but they make us sigh and worry.

The Penjing of next era must be those post-modern ones which are beyond the contemporary Penjing frames. Those Penjing will burgeon, root and get the baton based on the legacy of contemporary Penjing. Then those post-modern Penjing will be born by jumping out of the paradigms of the last even the last three generations. What is it like? Honestly speaking, I don't know. But what I can tell you is that the history can sense it smell.

What does it smell like? It is the smell of post-modern Penjing that strides over the contemporary Penjing thinking paradigms!

2012 goes dreadfully fast. Each day of the year, trillions of bytes of data are made from network terminals, transducers, cloud computing centers, mobile information, online transaction and social network from all around the world. Every month, 1 billion Twitter messages and over 30 billion Facebook and Weibo messages have been released. It is estimated that the global digital information will increase 44 times 8 years later in 2020.

Oh, my god. What would you feel if you imagine that your age would increase 44 times in 8 years? Again, what would you feel if you imagine that the contemporary Penjing level will increase 44 times in 8 years? Well, just kidding by numbers.

The character of this issue's cover story is Mr. Li Zhengyin who is one of my predecessors as well as a very good personal friend of mine. I often think of a lot of things in front of him.

1. He talks little but acts quickly. He had turned a little hobby into an amazing industry when others even could not understand. He has become a "super enthusiast" in the Penjing field who can fix the price in the future Podocarpus macrophyllus market in China even the whole world.

2. This man is very successful but modest. His life is peaceful and calm rather than superficial and flippant. I have never found any, even little tiny clues from everything he says and does to indicate that because he is rich therefore he can be bossy to others. He is different from many sympathetic and ridiculous upstarts we had met who behaved pretentiously. He even sincerely respects and modestly asks for advice to those who are not as successful as him and to those who are ordinary people but show bossy behaviors. In my opinion, it is not difficult to get rich, what difficult is that a rich man can be modest and behaves like him. And that is what I respect him best. I think his attitudes toward life fully express the meaning of power and cultivation. He needn't say much and isn't interested in competing with others. Like one of my friends said: a successful businessman is easy to get alone with while a superficial ordinary man is always pretentious, because he is not successful enough.

3. How lucky he is! He likes Podocarpus macrophyllus, meanwhile he has made it a great business with prosperity. We envy him because he earns a lot while he is having fun. Once he said to me that he had to put 168 official seals on documents when he was doing a real estate business, which is, sometimes, deadly boring. However, when we are growing Podocarpus macrophyllus, we almost just need to keep it basked and to water it. How happy it is!

4. He is a man born for the future. If you observe his life path, you can find that at each period of his life, he walks far before the public. Through his eyes, I see the inner world of a low-key but determined prophet.

5. Few people know the scale and the quality of Li Zhengyin's viewing stones. I can only say that you will get stunned when you see them.

6. Ordinary people live for today. Smart ones work for tomorrow while leaders cogitate for the future.

We have noticed the clue from all the today's world contemporary Penjing works that the developing bottleneck has occurred in Penjing's developing history. Contemporary Penjing needs an assaulting team which must be equipped with various modern weapons and has new thinking abilities of modern art! In order to become a person like that, one not only has to be well-versed in the learning of both ancient and modern times, but also has a thorough knowledge of both western and Chinese learning. He needs to think in a global view; he can do and also has the gift for modern art; he should have the theoretical construct of his own, especially he needs to learn to think questions in the logic of modern art and to express him and conquer others with the visual language of modern art. I know it is very hard. But it is definitely useless for an artist to only praise himself. People all around the world have their standards and you don't have to worry about their intelligence because many of overseas viewers have good even better appreciating abilities than artists. If your work is good, there must be someone who can understand that even better than yourself.

Penjing needs time to show its new originalities. History will surely reward those who cogitate for the future. In the Penjing creation field, if there were more people who thinks for the next 10 to 20 years, then the contemporary Penjing history will definitely be rewritten. China is the birthplace of Penjing and has the unparalleled and the highest portion of articles that purely talk about culture in all the Penjing magazines all round the world. On the way to the future, I look forward to see that one day Chinese artists may become the super stars of future Penjing history.

Post-modern Penjing needs contemporary Penjing artists to think and act for the future right now. We are waiting for the new ways of thinking which stride across the existing modes. In the future, one with the new thinking controls the world.

Yes, "playing big or leaving it", I know a lot of people hold this opinion. The contemporary talented Penjing geniuses, we are looking forward to you. Go on!

"花之俏" 勒杜鹃 *Bougainvillea spectabilis* 高 110cm 宽 120cm 郑理荣藏品 摄影：苏放
"Flowers˙Pretty". Paper Flower. Height: 110 cm. Width: 120cm Collector: Zheng Lirong. Photographer: Su Fang

福建茶 *Ehretia microphylla* 高 85cm 杨振利藏品 摄影：苏放
Height: 85cm. Collector: Yang Zhenli. Photographer: Su Fang

VIEW CHINA

景色中国

"田园风光" 雀梅 *Sageretia theezans* 高 90cm 吴斌藏品
"Rural Scenery". Height: 90cm. Collector: Wu Bin.

"泼墨" 刺柏 *Juniperus formosana* 高 88cm 王正生藏品
"Spill Ink". Taiwan Juniper. Height: 88cm.
Collector: Wang Zhengsheng.

"外婆门前柳" 璎珞柏 *Cupressus funebris Endl* 高 120cm 王如生藏品
"The Willow in Front of Grandmother's House". Height: 120cm Collector: Wang Rusheng.

罗汉松 *Podocarpus macrophyllus* 高 95cm 陈瑞祥藏品
Yaccatree. Height: 95cm. Collector: Chen Ruixiang.

"华而朴实" 朴树 *Celtis sinensis* 高 120cm 林伟栈藏品
"Adorned but Simple". Chinese Hackberry. Height: 120cm. Collector: Lin Weizhan.

"寒梅傲雪笑迎春" 雀梅 *Sageretia theezans* 高 120cm 趣怡园藏品
"The Cold Plum Welcome the Spring Festival With Smiling In the Snow". Height: 120cm. Collector: Quyi Garden.

"岁月" 榕树 *Ficus microcarpa* 高 108cm 赵为彬藏品
"Years". Chinese Banyan. Height: 108cm. Collector: Zhao Weibin.

"铁骨柔情" 刺柏 *Juniperus formosana*
高 80cm 许培良藏品
"Steel Frame Tenderness". Taiwan Juniper. Height: 80cm. Collector: Xu Peiliang.

"榆春晓" 榆树 *Ulmus Pumila* 高 105cm 包孝钦藏品
"Elm Spring Dawn". Elm. Height: 105cm. Collector: Bao Xiaoqin.

刺柏 *Juniperus formosana* 高 90cm 随园藏品
Taiwan Juniper. Height: 90cm. Collector: Sui Garden.

五针松 *Pinus parviflora* 高 95cm 刘明宗藏品 摄影：苏放
Japanese White Pine. Height: 95cm. Collector: Liu Mingzong. Photographer: Su Fang

榕树 *Ficus microcarpa* 高 100cm 李正银藏品 摄影：苏放
Chinese Banyan. Height: 100 cm. Collector: Li Zhengyin. Photographer: Su Fang

"八里生辉" 九里香 *Murraya exotica* 高 100cm 陈志就藏品 摄影：苏放

"Brightness in Thousand Mile". Height: 100cm. Collector: Chen Zhijiu. Photographer: Su Fang

毛朴 *Celtis sinensis* 高 85cm 黄宝庆藏品 摄影：苏放
Height: 85cm. Collector: Huang Baoqing. Photographer: Su Fang

我与罗汉松

采访人：黄昊
访谈人：李正银
摄影：苏放

Interviewer: Huang Hao
Interviewee: Li Zhengyin
Photographer: Su Fang

人物简介：

李正银，中国盆景艺术家协会常务副会长，广西壮族自治区盆景协会会长，广西壮族
自治区柳州市银阳房地产开发有限公司、广西照顺资产经营有限公司、柳州鑫盟投资
担保有限公司、广西北海市银阳园艺有限公司法人代表。

李正银痴爱盆景、奇石，精心收藏名家书画，特别钟情罗汉松，已研究培育出享有罗
汉松皇后美誉的'贵妃'罗汉松，后又创造了盆景快速成型的技术革命。2009 年银
阳园艺有限公司被评为全国十大苗圃之一，2010 年中国盆景艺术家协会正式授牌银
阳园艺基地为"中国罗汉松生产研究示范基地"，2011 年 5 月中国林业系统最高的
科研机构——中国林业科学研究院授牌银阳园艺基地为"中国林业科学研究院广西林
业厅珍贵植物罗汉松培育基地"，开创了广西区院合作的先河。银阳公司也因而成为
世界级的贵妃罗汉松科研生产的领跑者和龙头企业。

李正银语录：

1. 银阳园艺公司 2007 年进驻北海收购罗汉松园，共收了 13 个园子，300 多亩地，2 万多棵树，投资 5000 多万元，现在公司还另外租地 3000 多亩种植罗汉松。

2. 房地产低迷时，我的资金向罗汉松倾斜，实行联合互动，见机行事，灵活掌握。现在通信发达，管理企业非常便利，作为董事长，我只管人，不管事。

3. 罗汉松在中国文化渊源中，她寓意着吉祥如意、升官发财、降妖除魔、招财进宝、益寿延年……拥有它是身份、地位、财富的象征，是镇宅护院的首选。

4. 罗汉松高大挺拔，饱经风霜，沧海桑田，痴志不改。吸收的是露水，贡献的是阴凉，庇佑天下苍生，繁衍生息，我常常浸润在罗汉松文化氛围之中，物我两忘。跟罗汉松在一起像好兄弟、好朋友、好哥们一样的感觉。

5. 领跑者不敢当，我从来不觉得我是领跑者，我就是非常痴爱罗汉松，仅此而已。

6. 罗汉松适应性强，可延伸到长江以北，地域性广，奠定了它"全国粮票"的地位。

7. 我很渴望有更多的时间戴个草帽，拿把花剪走进我的园子里修枝造型，这是极享受的事。

8. 把运作企业的思维模式运用到盆景上，如果说企业家的大企业是一棵古桩罗汉松，那么企业家的战略目标就是这棵罗汉松的设计蓝图，资金和技术力量就是这棵树的枝和叶，企业的运营，就是对这棵树进行浇水、施肥和病虫害防治，

嫁接上'贵妃'品种，最后把它贴上我们的品牌标签。

9. 我认为要作好一棵树，首先要读懂这棵树，如树的生长特性，根的处理，出枝位，各枝条所走的空间，作品的构图是否到了最理想的程度位置和观赏面的确定是否到位，每根枝条是否做到了逐步收尖、过渡自然，以及整个作品的收尾结顶是否有亲和力等都是要思考的。另外，还要考虑是否嫁接换冠，提高观赏价值。

10 盆景创造者是盆景作品的原创者、生产者，盆景收藏家是盆景作品安稳的家，盆景经纪人是盆景市场的润滑剂，盆景入门者是盆景发展的后继力量。他们组成了盆景产业链，缺一不可，这是构建我国盆景强国的基石。假以时日，世界盆景大国强国必在中国。

About Li Zhengyin

Li Zhengyin, executive vice president of the Association of Chinese Penjing Artists, president of Guangxi Province Penjing Association, legal representative of Guangxi Province Liuzhou Yinyang Real Estate Development Co., Ltd., Guangxi Zhaoshun Assets Management Co., Ltd., Liuzhou Xinmeng Investment Guarantee Co., Ltd., Guangxi Beihai Yinyang Horticulture Co., Ltd..

Li Zhengyin is crazy about Penjing, rare stones, elaborately collecting famous paintings, especially deeply in love with *Podocarpus macrophyllus*. He has studied out and cultivated the "Royal" *Podocarpus macrophyllus*" enjoying the good reputation of *Podocarpus macrophyllus* Queen, and then created rapid prototyping technological revolution of Penjing. In 2009 Yinyang Horticulture Co., Ltd. was named one of the top ten nurseries nationwide, in 2010 China's Penjing Artists Association officially awarded nameboard to Yinyang horticultural base as the "Chinese *Podocarpus macrophyllus* production and research demonstration base", in May 2011 the highest-level scientist research institution of China's forestry system- the Chinese Academy of Forestry awarded nameboard to Yinyang horticulture base as " precious plant *Podocarpus macrophyllus* cultivation base of Guangxi Forestry Department, Chinese Academy of Forestry, and created a precedent for cooperation between Guangxi province and the academy. Yinyang has thus become a world-class pacemaker and leading enterprise of the scientific research and production of royal *Podocarpus macrophyllus*.

Quotation of Li Zhengyin:

1 .The Yinyang Horticulture Company moved into Beihai for purchasing podocarpus macrophyllus garden in 2007, receiving a total of 13 gardens, more than 300 mu of land, more than 20,000 trees, with an investment of more than 50 million Yuan (over 8 million U.S. dollars), now the company is also leasing the land of over 3,000 mu for planting *Podocarpus macrophyllus*.

罗汉松 *Podocarpus macrophyllus* 高度 4.6 m 树冠直径 6m 树干直径 68 ～ 90cm 李正银藏品 摄影：苏放
Yaccatree. Height: 4.6m, Canopy diameter: 6m, Trunk diameter: 68~90cm. Collector: Li Zhengyin. Photographer: Su Fang.

"天山揽景" 大化彩玉石 长 42cm 高 26cm 宽 26cm 李正银藏品 摄影：苏放
"Scenery From Tianshan". Macrofossil. Length: 42cm, Height: 26cm, Width: 26cm. Collector: Li Zhengyin
Photographer: Su Fang

"翠影横斜" 贵妃罗汉松 *Podocarpus macrophyllus* 高 116cm 宽 170cm 李正银藏品 摄影：苏放
"The Crossing and Slanting Green Shadow". "Chaise" Yaccatree. Height: 116cm, Width: 170cm.
Collector: Li Zhengyin. Photographer: Su Fang

8. The thinking model of operating enterprises shall be applied to Penjing, if the big business of an entrepreneur is an ancient pile of podocarpus macrophyllus, then the strategic objective of the entrepreneur is the design blueprint of the *podocarpus macrophyllus*, the capital and technical strength are the branches and leaves of the tree, the operation of enterprise is to water, fertilize the tree and have pest and disease control over it, graft it with the "Royal" varieties. Finally paste it with our brand label.

9. As far as I'm concerned, to make a good tree firstly needs our understanding of the tree, such as the growth characteristics of the tree, the root processing, the branching location, the space of various branches going, whether or not the composition of the work reaches the most ideal degree, whether or not the position and viewing surface determining are in place, whether or not every branch is achieving the progressive angle-closing, with a natural transition, as well as whether or not the ending apex of the entire work has the affinity etc., all need to be taken into consideration. Also, it is necessary to consider the grafting in crown of a tree, to improve the ornamental value.

10. The creator of Penjing is the originator and producer of Penjing work, Penjing collector is the stable home for Penjing works, Penjing broker is the lubricant of market, Penjing beginners are the follow-up forces for Penjing development. They have formed the Penjing industry chain, quite indispensable, which is the cornerstone to build China's Penjing power. In time, the World's Penjing great power will be in China.

"珠乡双娇" 贵妃罗汉松 *Podocarpus macrophyllus* 高 115cm 宽 160cm 李正银藏品 摄影：苏放
"Dual beauty of Zhu-village" "Chaise" Yaccatree Height: 115cm Width: 160cm Collector: Li Zhengyin

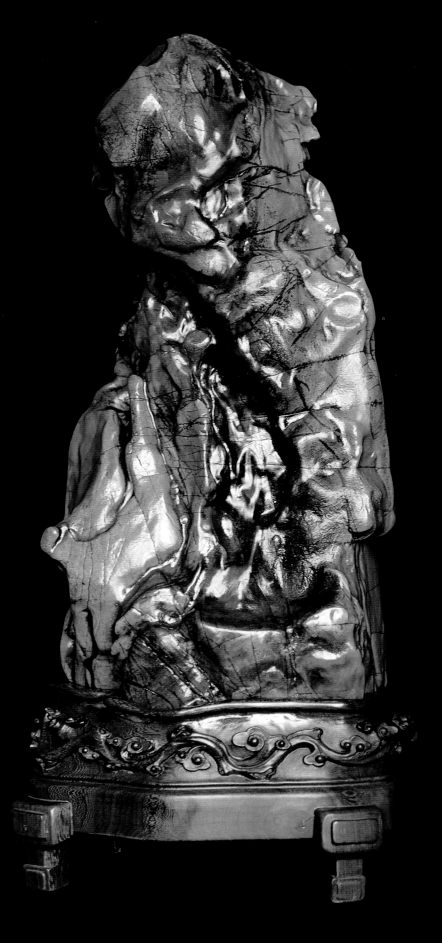

4.*Podocarpus macrophyllus* is straight and tall, weather-beaten, with vicissitudes of time, without changing its crazy aspiration. It absorbs dew, contributes shade and coolness, blessing and protecting the common people in the world, propagating itself, I often infiltrate myself into the atmosphere of podocarpus macrophyllus culture, forgetting object and self. Together with podocarpus macrophyllus, I have just the same feeling as being with a good brother, a good friend, a good buddy.

5.I don't deserve to be a pacemaker, I have never felt that I am the pacemaker, I'm just very crazy about *Podocarpus macrophyllus* nothing more.

"龙王"合山彩陶石 长 30cm 高 63cm 宽 23cm 李正银藏品 摄影：苏放
"Dragon King". Heshan Colorful China Stone. Length: 30cm, Height: 63cm, Width: 23cm. Collector: Li Zhengyin
Photographer: Su Fang

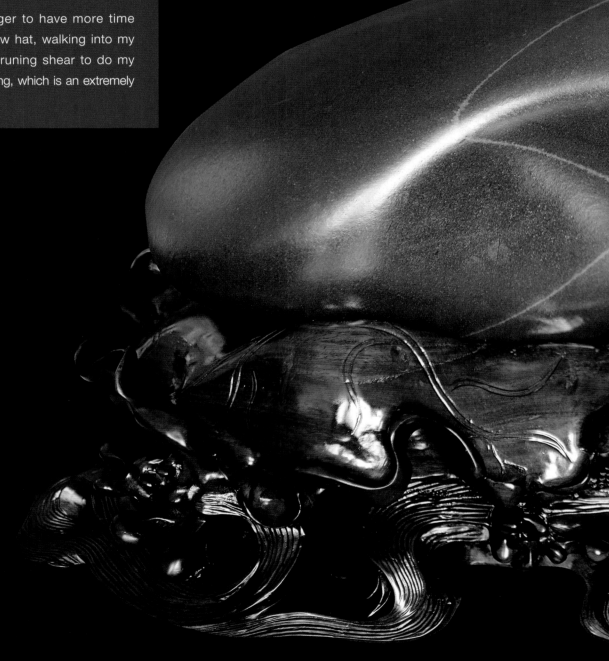

6.*Podocarpus macrophyllus* is quite adaptable, and it can extend to the north of the Yangtze River, with a wide region, thus establishing her status as the."national food coupon".

7.I am very eager to have more time wearing a straw hat, walking into my garden taking a pruning shear to do my pruning and modeling, which is an extremely enjoyable thing.

"青蛙王子"贵州乌江石 长 50cm 高 26cm 宽 32cm 李正银藏品 摄影：苏放
"The Frog Prince". Guizhou Wujiang Stone. Length: 50cm, Height: 26cm, Width: 32cm. Collector: Li Zhengyin

"古木雄风" 贵妃罗汉松 *Podocarpus macrophyllus* 高 100cm 宽 170cm 李正银藏品 摄影：苏放
"Furuki Treasures"．"Chaise" Yaccatree. Height: 100cm, Width: 170cm. Collector: Li Zhengyin.
Photographer: Su Fang

问: 您是怎样与盆景结缘的?

答: 1981 年我在桂林空军医院疗养,空军医院旁边就是武钢疗养院,在此疗养的有酷爱盆景艺术的省部级高官,他们常上山寻找盆景素材,并叫上我们年轻人一起上山,帮他们挖树、扛树,干得不亦乐乎,我受他们感染喜欢上盆景,并从此一发不可收。

问: 您是从哪年开始收购融水珍珠罗汉松的?

答: 1994~1995 年开始收购融水珍珠罗汉松,大概用了 2 年时间,收购 300 多盆珍珠罗汉松,投入资金 600 余万。

珍珠罗汉松通常生长在海拔 800~1500m 的高山上,云南、贵州、广西均有分布,最好的品种是广西融水的,叶子厚、短而圆,色泽艳丽,如瓜子黄杨,生长在广西第二高峰的元宝山上,它是珍珠罗汉松家族中的佼佼者。但是珍珠罗汉松树桩从大自然中流入民间后,环境改变加上空气污染,造成藏品的缩枝甚至死亡,虽然采取很多措施,但收效甚微经过我多年的科技攻关和技术探索,终于研发出解决珍珠罗汉松种植难的方法,破解了缩枝和死亡的密码,让山采的野生桩获得重生,且经过技改后的作品的生长势态比原来要强得多。现在还通过扦插、播种和压条等园林技术的应用,进行大规模的批量生产,既保护了野生资源,又能满足市场日益扩大的需求,使这一珍稀树种走上了可持续发展的道路。

问: 是什么原因促使您到北海收购罗汉松园?

答: 北海得天独厚的土壤和气候环境使罗汉松的生长产生了个"北海速度",这是我到北海发展罗汉松产业的首要原因;其次,由于罗汉松培育周期长、散户零散种植无法保证桩材健康成长等原因,有些园子不得不中途变卖因此只有收购过来,

进行规模化经营,企业化管理,园林艺术化的培育才能产生应有的效益。

问: 为什么罗汉松在北海被称作"幸福松"?

答: 银阳园艺公司 2007 年进驻北海收购罗汉松园,共收了 13 个园子,300 多亩地,2 万多棵树,投资 5000 多万元,现在公司还另外租地 3000 多亩种植罗汉松。我们进驻后,农民把土地租给我们,我们给他们提供就业机会,农民收入翻番,生活质量大幅提高,建洋楼,买汽车,日子过得比蜜甜,因此罗汉松成了北海人的"幸福松"。

问: 您收购古桩罗汉松的原因是什么?

答: 古桩罗汉松是指具有百年以上树龄,直径相对较粗壮,已经收藏在别人盆景园里的桩材。是更稀有、更难得、更名贵,且具有很高历史价值的不可再生资源,把这些散落社会的宝贵资源集中收藏和培育复壮,是为了更好地保护生态文化遗产,不让它再次受到损害以致消失。为此我可以说是不惜一切代价,而且我的付出不能用区区的金钱来衡量,我发现这类桩材就会随时随地收购,继续保护、传承好大自然留给我们的珍贵资源。

问: 作为董事长,您如何平衡罗汉松产业和房地产业这两个不同产业间的管理监控?

答: 房地产低迷时,我的资金向罗汉松倾斜,实行联合互动,见机行事,灵活掌握。现在通信发达,管理企业非常便利,作为董事长,我只管人,不管事。在此我非常感谢我的高管和团队。今后罗汉松和房地产,会在互动中携手前进,在顺应社会需求中发展壮大,以达到这两个领域的双赢!

问: 罗汉松的社会价值?进入一般百姓生活是否存在局限性?

答: 我们国家大力推动国家森林城市建设,鼓励大树(指米径 10cm 以上的植株)进城,这对增加氧气、降低碳排放量、保护地球有重大意义。罗汉松作为景观树,大大地提高了人居环境的质量和档次。另外,罗汉松在中国文化渊源中,它寓意着吉祥如意、升官发财、降妖除魔、招财进宝、益寿延年……拥有它是身份、地位、财富的象征,是镇宅护院的首选,它寄托了老百姓的美好意愿。但是,由于罗汉松种植成本过高、投入大,要进入普通老百姓生活还有一段距离,所以我们大力普及和推广成本低、见效快的苗培罗汉松。

问: 现在您是否考虑开拓罗汉松产业的海外市场或多角度经营?

答: 就目前而言,罗汉松尚未能满足国内市场,处于供不应求的状态,过去的几年里,我们大陆花高价从中国台湾、日本进口大量罗汉松。高端盆景、地景的大市场在中国,海外市场和多角度经营是下一步考虑的事。

问: 罗汉松对您有哪些影响?您和罗汉松在一起是什么样的感觉?

答: 罗汉松这个珍稀物种屹立在古老文明的中华大地已有几千年的历史,它高大挺拔,饱经风霜,沧海桑田,痴志不改。吸收的是露水,贡献的是阴凉,庇佑天下苍生,繁衍生息,它是我的良师益友,它的精神、它的胸怀时时鞭策我,我常常浸润在罗汉松文化氛围之中,物我两忘。跟罗汉松在一起像好兄弟、好朋友、好哥们一样的感觉。

问: 作为中国罗汉松产业的领跑者,您觉得罗汉松产业的奋斗方向是什么?

答: 领跑者不敢当,我从来不觉得我是领跑者,我就是非常痴爱罗汉松,仅

此而已。罗汉松生长迅速、成型快、造型美、养护好，受到人们的普遍欢迎是我们努力的方向。

问：您认为能够使罗汉松产业持久蓬勃地发展下去的因素是什么？

答：罗汉松适应性强可延伸到长江以北，地域性广，奠定了它"全国粮票"的地位（我们盆景圈内通常把适应全国种植的树种叫"全国粮票"，只能在某一区域种植的树种叫"地方粮票"），罗汉松深厚的文化渊源，决定了它是一棵永远不倒的常青树。

问：盆景罗汉松、地景罗汉松在您生产计划中有无侧重点？

答：地景桩是盆景桩材的来源，适合做盆景的材料就筛选出来做盆景，让其艺术品味和经济效益得到很大提高。3年前，我们组建了一批盆景技术队伍，对罗汉松进行树型设计、整根、拉枝、靠接、换冠，现在，首批罗汉松盆景如小荷已露尖尖角，假以时日即可闪亮登场。其余的桩材就作为地景。

总的原则是充分发挥每个桩材的先天优势，对每个桩材都有交代，让其都得到很好的归属。盆景罗汉松做其精，地景罗汉松做其量，重点是以地景为主。

问：请谈谈作为盆景人对企业家身份的理解？

答：企业家喜爱、收藏盆景，说明企业家本身就是盆景人，这很正常。我很渴望有更多的时间戴个草帽，拿把花剪走进我的园子里修枝造型，这是极享受的事。但我只能对盆景进行宏观调控，抓大放小至于优势我想主要做了以下几件事

一、把运作企业的思维模式运用到盆景上，如果说企业家的大企业是一棵古桩罗汉松，那么企业家的战略目标就是这棵罗汉松的设计蓝图，资金和技术力量就是这棵树的枝和叶，企业的运营，就是对这棵树进行浇水、施肥和病虫害防治，嫁接上"贵妃"品种，最后把它贴上我们的品牌标签。

二、解决盆景长期发展过程中速度慢、周期长的问题。我们嫁接的罗汉松，今年嫁接，明年可以参展，开创了"北海速度"，形成了"银阳风格"。完全颠覆了传统，颠覆了盆景人的思维模式。

三、培养盆景人才，充分发挥人才队伍的团队优势。我们的技术队伍不是一兵一卒单兵作战，而是集团军在作地毯式整体推进。我们的目标不是整好几棵树，而是打造中国盆景产业的航空母舰。

四、积极培育、普及和推广罗汉松优良品种。银阳园艺公司的"贵妃"等优良品种苗木已经批量供应罗汉松发烧友。

五、进行技术攻关，最成功和引以为豪的是对融水珍珠罗汉松的改良，凤凰涅槃，浴火重生，挽救了这一濒危品种，现已经能进行大批量生产。

问：您如何看待高价盆景和高价地景？

答：不论是高价盆景还是地景，高价和高质应一致、统一。如果把一棵藏品比喻成一个兵，那么我拥有的不是一个哨所，而是一个集团军。

问：作为新当选的广西盆协会长，您对整个广西盆景有怎样的见解？广西想要成为盆景大区的突破口在哪里？

答：广西和其它省有距离，但我们对广西盆景的发展充满信心。广西盆景起步早，在70年代，就有不少人玩岭南技法，群众基础好，盆景文化底蕴好，这为我们传承和发展壮大盆景产业奠定了坚实的基础。我们广西要成为盆景大区突破口在于：首先是人才队伍的建设，人才就是生产力；其次，增强精品意识，东西在于精，当然，精上加多，天下无敌！第三，解放思想，团结友爱，不搞内耗，戒骄戒躁，胸怀全国，放眼世界。我们将充分调动盆景人的积极性，发挥我们丰富的资源优势，多出作品，快出作品，出好作品，出去多学习、多交流、多参展，争取用几年时间赶上盆景发达省份。

问：您觉得理想的树什么样？

答：我认为要作好一棵树，首先要读懂这棵树，如树的生长特性，根的处理，出枝位，各枝条所走的空间，作品的构图是否到了最理想的程度，位置和观赏面的确定是否到位，每根枝条是否做到了逐步收尖、过渡自然，以及整个作品的收尾结顶是否有亲和力等都是要思考的。另外，还要考虑是否嫁接换冠，提高观赏价值。

问：您认为盆景创作者、收藏家、盆景经纪人以及盆景入门者这几种人的角色是什么？

答：盆景创作者是盆景作品的原创者、生产者，收藏家是盆景作品安稳的家，盆景经纪人是盆景市场的润滑剂，盆景入门者是盆景发展的后继力量。他们组成了盆景产业链，缺一不可，这是构建我国盆景强国的基石。假以时日，世界盆景大国强国必在中国。

"神采飞扬" 贵妃罗汉松 *Podocarpus macrophyllus* 高 115cm 宽 140cm 李正银藏品 摄影：苏放
"In High Spirits". "Chaise" Yaccatree. Height: 115cm, Width: 140cm. Collector: Li Zhengyin. Photographer: Su Fang

点评 Comments ▼

点评李正银的罗汉松盆景

——"神采飞扬"

Comments on Mr. Li Zhengyin's *Podocarpus Macrophyllus* Penjing ——"In High Spirits".

文：罗传忠　Author: Luo Chuanzhong

　　作品题名"神采飞扬"，树高 115cm，宽 140cm，树干最粗直径 20cm。该作品是中叶罗汉松，2004 年购进时为地径 4cm 的小苗，经 3 年地植放养，大水大肥令其疯长，然后按岭南盆景蓄枝截干技法留枝定托并适时修剪；第四年（2009 年 3 月）接穗贵妃罗汉松（小叶）芽条；第五年（2010 年 12 月）芽条已长粗，即进行第一次攀扎；第六年（2011 年 1 月）上盆，进行第二次攀扎调整，初步成型（参看 2011 年 2 月所拍图照）；第七年（2012 年 8 月）对该作品进行第三次调整，此次造型以修剪为主，攀扎牵引为辅。由于贵妃罗汉松天然美态，且芽接后亲和性强、杂交优势明显，其枝条生长迅猛，比母本中叶树还要快，产生了令人意想不到的效果。如图所示，一盆成熟度较高的罗汉松盆景呈现在人们的面前。也就是说，一棵 3~4cm 的小苗，从养坯到造型，仅用 7 年功夫就大功告成，如果不是亲历现场，很难相信这是事实。北海罗汉松快速生长、快速成型这一震撼人心的创举，它带给中国盆景界乃至世界盆景，无疑是一种福音，一次颠覆人们传统观念的、具有重大借鉴意义的成功典范。

　　该作品是一件典型的倾斜式树木盆景。近观作品，令人怦然心动，爱不释手，它不仅树态神采飞扬，叶色靓丽，生气蓬勃，主干弯曲有度，枝条舒展奔放，过度自然，而且底部盘根错节，稳扎大地，霸气连贯，冠幅疏密有致，左抑右伸，争让得体，收放自如，有如大鹏展翅，跃跃欲试。整件作品于老辣中见活泼，雄浑中见潇洒，秀丽中见灵动，将岭南盆景蓄枝截干与北派攀扎技艺融汇结合，取长补短，相得益彰。

This Penjing work is called *In High Spirits*. The tree is 115 cm high and 140 cm wide. The maximum diameter of the trunk is 20 cm. The tree is the middle leaves podocarpus macrophyllus. When the sapling was bought in 2004, its diameter was 4 cm. The tree had been overgrowing in soil with abundant water and fertilizer for 3 years and was timely pruned. Some of the branches were preserved and fixed according to "the Southern Ridge Penjing Branch Preserving and Stumping Techniques". In the forth year (March 2009), the Gui Fei *Podocarpus macrophyllus*(leaflet) budling were grafted on the tree; in the fifth year (December 2000), when the budling had grown wide enough, the first climbing planting started. In the sixth year (January 2001), the tree was transplanted in the pot and the second climbing planting was made, then the whole tree was taking shape (refer to the image taken in February 2011); in the seventh year (August 2012) the tree was taken the third adjustment. In this time, the adjustment relied mainly on pruning while making climbing rolling traction subsidiary. Because the Gui Fei *Podocarpus macrophyllus* has natural beauty, and has strong affinity after budding as well as hybrid advantages, its branches grow rapidly, faster than the parental tree, making a surprising effect. As shown in the picture 1, a rather high mature *Podocarpus macrophyllus* Penjing is presented in front of us. That is to say, a 3 - 4 cm sapling, from raising billet to shaping, only needs 7 years to be accomplished. It is hard to believe that this is true if you didn't witness the scene. Beihai *Podocarpus macrophyllus* rapid growth as well as rapid shaping is an exciting initiative. It brings undoubted joyous news to both Chinese and even the world Penjing. It is a subversion of the traditional idea, a successful example with great significance.

This work is a typical inclined tree Penjing. Come close to enjoy the work, you can feel touched with excitement and unwilling to part with it. The tree is in high spirit, and has beautiful leaves, flourishing and vigorous. The trunk bends temperately and branches stretch limitlessly and transit naturally. What's more, at the bottom of it, twisted roots and gnarled branches steadily grasp the soil, powerful and coherent. The crown shows delight density and extends to all sides, free in style, as a great hawk spreads its wings, itch for a try. The whole work is active and skillful, elegant and profound, lovely and intelligent, which combines the Southern Ridge Penjing branch preserving and stumping techniques with Northern Penjing climbing planting techniques, learning the strong points to make up the deficiencies and by mutual help and co-ordinated effort, the two techniques work together to better advantage than ever before.

世界的3大战略
中国盆景走向

Three Important Strategies for
China Penjing Go Global

文：李正银 Author：Li Zhengyin

成为中国盆景艺术家协会的会员，免费得到《中国盆景赏石》

告诉你一个得到《中国盆景赏石》的捷径——如果你是中国盆景艺术家第五届理事会的会员，每年我们都会赠送给您的。

成为会员的入会方法如下：

1. 填一个入会申请表（见本页）连同3张1寸证件照片，把它寄到：北京朝阳区建外SOHO西区16号楼1615室 中国盆景艺术家协会秘书处（请注明"入会申请"字样）邮编100022。

2. 把会费（会员的会费标准为：每年260元）和每年的挂号邮费（全年12本共76元）通过邮政汇款汇至协会秘书处，请注明收款人为中国盆景艺术家协会即可，不要写任何收款人人名（务必在邮寄入会申请资料时附上汇款回执单复印件，以免我们无法查询您的汇款）。

3. 然后打电话到北京中国盆景艺术家协会秘书处口头办理一下会员的注册登记：电话是010-5869 0358。

会费邮政汇款信息：

收款人：中国盆景艺术家协会

邮政地址：北京市朝阳区建外SOHO西区16号楼1615室 邮编：100022

（注：由于印刷出版周期长达30天以上的原因，首期《中国盆景赏石》将在收到会费的30天后寄出）

中国盆景艺术家协会会员申请入会登记表　　证号（秘书处填写）：

姓名		性别		出生年月		
民族		党派		文化程度		照片（1寸照片）
工作单位及职务						
身份证号码			电话		手机	
通讯地址、邮编				电子邮件信箱（最好是QQ）		
社团及企业任职						
盆景艺术经历及创作成绩						
推荐人（签名盖章）						
理事会或秘书处备案意见（由秘书处填写）：						

备注：请将此表填好后，背面贴身份证复印件，连同3张1寸照片邮寄到北京市朝阳区建外SOHO 16号楼1615室 邮编100022。

电话/传真：010-58690358，E-mail: penjingchina@yahoo.com.cn。

CHINA PENJING & SCHOLAR'S ROCKS

主编：中国盆景艺术家协会
Edited by China Penjing Artists Association

《中国盆景赏石》———购书征订专线：（010）58690358（Fax）

订阅者如何得到《中国盆景赏石》？

1. 填好订阅者登记表（见附赠的本页），把它寄到：北京朝阳区建外 SOHO 西区 16 号楼 1615 室 中国盆景艺术家协会秘书处订阅代办处，邮编 100022。

2. 把书费（每年 576 元）和每年的挂号邮费（每年 12 本共 76 元）通过邮政汇款汇至协会秘书处订阅代办处，请注明收款人为中国盆景艺术家协会即可，不要写任何收款人人名（务必在邮寄订阅登记表时附上汇款回执单复印件，以免我们无法查询您的汇款）或通过银行转帐至协会银行账号（见下面）。

3. 然后打电话到北京中国盆景艺术家协会秘书处"购书登记处"口头核实办理一下订阅者的订单注册登记，电话是 010-5869 0358 然后……你就可以等着每月邮递员把《中国盆景赏石》给你送上门喽。

中国盆景艺术家协会银行账号信息： 开户户名：中国盆景艺术家协会 开户银行：北京银行魏公村支行
账号：200120111017572

《中国盆景赏石》订阅登记表

姓名：＿＿＿＿＿＿＿＿＿ 性别：＿＿＿＿＿ 职位：＿＿＿＿＿＿＿＿＿＿＿

生日：＿＿＿＿ 年 ＿＿＿＿ 月 ＿＿＿＿ 日

公司名称：＿＿＿＿＿＿＿＿＿＿＿＿＿＿＿＿＿＿＿＿＿＿＿＿＿＿＿＿＿

收件地址：＿＿＿＿＿＿＿＿＿＿＿＿＿＿＿＿＿＿＿＿＿＿＿＿＿＿＿＿＿

联系电话：＿＿＿＿＿＿＿＿＿＿＿＿＿＿＿＿＿＿＿＿＿＿＿＿＿＿＿＿＿

手机：＿＿＿＿＿＿＿＿＿＿＿＿＿＿＿ 传真：＿＿＿＿＿＿＿＿＿＿＿＿＿

E-mail（最好是 QQ）：＿＿＿＿＿＿＿＿＿＿＿＿＿＿＿＿＿＿＿＿＿＿＿＿

开具发票抬头名称：＿＿＿＿＿＿＿＿＿＿＿＿＿＿＿＿＿＿＿＿＿＿＿＿＿＿

汇款时请在书费外另外加上邮局挂号邮寄费：每年 76 元（由于平寄很容易丢失，我们建议你只选用挂号邮寄）。

书费如下：每本 48 元。

- ☐ 半年（六期）　　☐ 一年（十二期）
- ☐ 288 元　　☐ 576 元

您愿意参加下列哪种类型的活动：

- ☐ 展览　☐ 学术活动　☐ 盆景造型培训班　☐ 国内旅游（会员活动）　☐ 读者俱乐部大会
- ☐ 国际 旅游（读者俱乐部活动）

中国盆景事业正在全面地复兴，根据历史的发展规律，"闭关锁国"的道路是行不通的，只有直面挑战，以不断进取的态度促进中国盆景全球化，才能让中国的盆景事业有一个更高远的发展，那么，在中国盆景走向世界的道路上，我个人认为采取以下3大战略是至关重要的。

战略 1: 制定合理评比标准，引领盆景价值取向，商业、展览双线促进中国盆景发展

关于中国台湾、日本等地获大奖的盆景能卖极高价钱，但中国大陆却不是这种情况的问题，从外在因素来看主要有两方面问题：一方面是树种问题，一些获奖的作品因树种品质一般，其经济价值自然不高；另一方面则是买卖双方的问题，一种情况是由于中国大陆的盆景普遍来讲产能落后、种植培养时间过长，从而导致成本太高，买家出的价钱与卖主的期望值相差太大，另一种情况则是卖家出于生活所迫而贱卖作品，因是市场经济，买卖自由，出于此类原因旁观者无权干涉。

不管出于怎样的原因，好的盆景作品卖不到好的价钱，对经济的发展和盆景的认知度都有一定的影响，因此，我觉得一盆好的盆景作品不管是商业价值还是艺术价值，都应统一为这个盆景作品的价值，是高度统一的，我赞成

但我认为关键原因在于其内在因素：一是日本盆景作为国粹，把获大奖的盆景视为国宝，其经济价值自然高，在中国大陆则不然；二是受展览规格的限制，不少年功够但超高的盆景被挡在展览的大门外，而国人在购买盆景时往往追求和推崇大型盆景的气势庞大之美，因此多数情况是大型盆景能卖出好价钱，这是国情不同的缘故，我期待以后的展览评比中在这方面能有所突破；三是说明中国台湾、日本的大奖作品是名副其实的好作品，而我们评出的是"人情大奖"、"面子大奖"，外行看不懂好在哪，内行看了一肚子气，这种风气严重阻碍中国盆景的发展，更谈不上与世界接轨，这是评委的问题，也是中国盆景界的顽疾。

经济价值与艺术价值兼而有之，偏颇任何一方都不好。

而真正处理好盆景的经济价值与艺术价值的关系重点在于评比标准，评比标准引导盆景价值取向，并决定了盆景发展的方向。中国大陆在盆景展览的评比环节上虽然正趋于合理化、公平化，但仍有一些不足。在选拔展览优秀作品时，组委会可根据作品分配的指标，由各省盆协海选推荐，再由大会专家组审定，除了选拔近年来面世的优秀作品外，还要挖掘藏在民间中的好作品；在制定规格标准时，可执行

现行现有的相关规定，但对有相当年功、有震撼力的超规格作品，建议高度可放宽至1.5m，或开设展示区参展不参评，主要起到展示、宣传、探讨的作用；在评委的选拔时，主办单位一定要下决心解决评比中不公平的老大难问题，评委一定要品行高、口碑好、办事公正同时要平衡南北流派评委的比例在评比过程中，要采用打分的方法，还要坚持公开透明，评委所打的分全部要公示，避免个别评委擅私打分，而且评委作品应该参展不参评。

如果中国盆景从评比标准开始就实现商业价值与艺术价值的统一，那么不仅能推动盆景的商业化进程，也能吸引更多的人参与到盆景的展览中，实则是一箭双雕的发展战略。

战略2：把大力宣传推介中国的文化作为主攻方向和心经之路

中国盆景具有与众不同的特色与魅力。造型上，大体都是不等边三角形，不过度追求规则；内涵上，我们加入了中国文化的诗情画意，讲究动感、讲究枝法、讲究虚实、讲究线条美，"蓄枝截干"技法的岭南盆景、赵庆泉的水旱盆景、贺淦荪的风吹式动感盆景、潘仲连的松柏盆景以及韩学年的山松文人树盆景等都融入了浓厚的中国文化元素；视觉特征上，中国盆景作品中的大飘枝、探枝、跌枝、回旋枝、鸡爪枝等被看作是塑造作品亮点的精华枝，在中国山水画的岭南画派中往往可以找到这些枝法的倩影。因此可以说中国盆景，尤其是岭南盆景，基本上是一树一景，绝不雷同。"脱衣换锦"的近树造型手法更是将作品做到炉火纯青的境界，以枝爪的线条构建作品的框架，框架出构图，构图出意境，枝条按比例逐级变小，直至牙签枝，角度走势的起、承、转、合等都融入了绘画的美感。刚创作后叶子的"冬景"，冒出新芽的"春景"，叶子

对于现在要推出一个有代表性的审美标准体系的想法，我认为时机尚早，还需再走一段路。因此，我们应充分利用一切机会，宣传、推介中国的盆景，宣传、推介中国的文化，让外国人对有中国特色的盆景作品竖起大拇指说 OK，给外国人一种耳目一新的感觉，让外国人有兴趣去琢磨中国盆景、去模仿制作中国盆景，我们中国盆景走出国门也就迈出一大步了，这也正是当前中国盆景走向世界的主攻方向和心经之路。

繁盛的"夏景"以及叶子枯黄掉落的"秋景"，把观赏者带入春夏秋冬的绝妙佳境，叹为观上。

但是诸如此类的"中国味"外国人究竟能不能体会到呢？中国在盆景方面的审美和国外的相比，在外观处理上应该是一致的，而对内涵的理解，可能外国人就难以体会到了。而且，虽说艺术是无国界的，只要是美的东西地球人都可以接受，但是外国人的脑海里大多只有日本盆景模式。

战略3：不随波逐流，走我们自己的改革创新之路

中国盆景走创新之路，关键要解决几个问题：一是盆景展览尺寸规格限制问题。如果按照日本盆景展览高度限制在1m以下，不符合中国的国情，人为限制了盆景的健康发展，中国盆协在这方面一定要有所突破，不要总跟在别人的屁股后面跑；二是流派之争问题。中国地大物博，南北气候差异较大，盆景流

派五花八门，尤其是一些传统流派各自固守阵地，不接受新的东西，很难形成风格统一的中国盆景模式和审美标准体系，从而带来了评比难和中国盆景与世界盆景接轨难等诸多弊端。

岭南派盆景过渡自然，不光是主干，而且所有的枝条比例都合理，它所产生的视觉效果是公认的。但岭南盆景成型时间太长，全部用剪是不行的，有的枝盘一盘、扎一扎、带一带效果更好，而且大大缩短成型时间；三是盆景成型时间太漫长的问题。这是中国盆景走创新之路的核心问题。一盆够年功的成型作品，起码要10多年甚至更长时间才能成型，在这漫长的等待里，盆景人不知付出了多少精力与汗水。一个人一辈子，也制作不出多少批成型盆景，其中的艰辛与煎熬，只有盆景人自己知道。为什么专搞盆景的人很难富起来？为什么许多盆景总是有价无市？为什么不少盆景人搞了几十年总是拿不出作品参展，甚至一些大师级盆景人每次参展总是拿同样一件作品？这些都与盆景成型慢有直接的因果联系。

为了攻克以上说到的第三个难关，也就是盆景的成型慢这一问题，近几年我公司的创作团队在罗汉松快速成型方面进行了大胆的探索和创新试验，收到了意想不到的效果。我们的做法是选择罗汉松盆景桩或大型景观树，采取

岭南盆景技法地植培养出一至两度枝托后，直接嫁接优良品系贵妃罗汉松芽条，由于杂交优势枝条疯长，一年多后即可采用攀扎手法造型，日后采用修剪与攀扎相结合办法对枝托进行处理即可。嫁接后仅用2年时间，一盆成熟度较高的罗汉松盆景呈现在人们的面前，这是过去我们连想也不敢想的"天方夜谭"。用此技法培育出的盆景，枝托伸展有力有刚有柔过渡自然树相丰满，生气蓬勃，很吸引人的眼球，完全避免了传统攀扎过于柔弱，岭南修剪过于单薄的弊端，更重要的是大大缩短了作品成型的时间。通过实践我深深体会到，中国盆景要走创新之路，必须着重解决三大难点问题：一是品种选择的优与劣问题二是作品成型时间的快与慢问题

三是制作技艺（即是流派）的灵活与单一问题。

我想中国的盆景事业如果能实现这三大战略，那中国盆景在世界盆景界独占鳌头之日也就指日可待了，至于10年后对中国盆景的市场的预测，我还是比较乐观的，应该是倾向于大中型盆景走俏，总而言之，"盆景偏大化、园林盆景化"将会是今后中国盆景发展的趋势。

> 要根除这些弊端，中国盆景必须走创新之路，不要过于强调流派，思路要放宽，好的东西要继承，违反自然的规则式盆景要扬弃。同时，要善于吸收国外先进的养护管理技术。我的观点，即是岭南派蓄枝截干与海派攀扎技术相结合，形成出枝有力、造型变化灵活、接近自然的中国式盆景。

"君子之风" 山橘 *Fortunella hindsii* 高 95cm 宽 70cm 罗小冬藏品
"Style of gentleman". Height: 95cm, Width:70cm. Collector: Luo Xiaodong

点评 Comments ▼

文：徐昊　Author: Xu Hao

君子之风、山橘、罗晓东藏品（《中国盆景赏石·2012-2》15 页）

"Style of gentleman", mountain orange, collection of Luo Xiaodong (page 15 of the China Penjing & Scholar's Rocks 2012-2)

何为君子？子曰："仁者不忧，知者不惑，勇者不惧"。

What is gentleman? Confucius said, "benevolent people do not worry, wide people are not perplexed and brave people are not afraid".

中国盆景常以意写形，寓情于景，借物言志，以作品隐含自己的思想情感。

Chinese penjing usually describes shape with sense, put emotions into the scenery and tells wills with the help of objects, and the work is used to express the maker's idea and emotion.

这件作品主干修立，线条直中寓曲，具有清刚之气。出枝右放左收，右边以高位出枝，枝势跌宕俯展，线条遒劲而曲折变化，分枝疏密错落，风韵空灵而优美。左下方近基部处，点缀一小枝，有补空避虚、归气于右的作用，同时也以此反衬右边的空灵感，为营造重心部位的气韵服务。左中部的粗枝也作紧缩回旋处理，以此归势于右，强化作品向右的走势，突出主枝的展宕变化之美，同时也使整体树相显得紧俏而有姿。

Main trunk of the work is straight, and the lines have curves in straightness, with rigidity. The branches stretching out sets out on the right and draws back on the left. On the right, the branches stretch out in high position, and the branch momentum is bold and unconstrained. The lines are strong and curve with changes. The branches have various densities, and it is spacious and beautiful in charm. On the lower left side, near the base, a small branch is adorned, having the effect of supplementing the empty and returning the vitality to the right. At the same time, it serves as a foil to the spaciousness on the right, serving the charm of building the gravity center position. Deflation and circling round treatment is conducted on the thick branches in the left middle part, so as to return the momentum to the right, and strengthen the trend toward right of the work, highlighting the beauty of changes of the main branch. At the same time, it makes the whole tree appears tense and beautiful.

作品发枝上下，虚实得宜，架构清朗，骨力俊逸，形式清刚而谦恭，如谦谦君子，坦荡磊落，仪态文雅，锋芒内敛，故名"君子之风"。近年来，作品曾频频亮相于各级展览，屡受褒奖，堪称岭南派杂木盆景名作。

The work has branches up and down, with appropriate deficiency and excess, clear structure, beautiful bone, and rigid and modest form, like a gentleman, straightforward, elegant, and introverted, so it is called "style of gentleman". In recent years, the work appeared in exhibitions of all levels frequently, and was rewarded frequently, and it is a famous work of miscellaneous tree penjing of Lingnan School.

说龙似凤本是桧

意匠神工出自心——图说一棵桧柏的制作

Beautiful Modeled Cypress from Skilful Technique

–Illustrate the Making of a Cypress

撰文：王选民　　制作：周士峰、宋攀飞　　制作地点：诚树园
Author: Wang Xuanmin　　Makers: Zhou Shifeng, Song Panfei
Place of Making: Chengshu Garden

图 33 全部整姿后的初步效果，正面观
Initial effect after all modeling (see from the front).

盆景家最实惠的事是能得到理想的盆景素材。主动地进行创作实践并能贯穿创作的全过程，从而发挥自己得心应手的技能，最终得到符合自己审美要求的艺术形象。

眼前的这棵柏树（图1、图2）是2002年的山采素材。其形状奇特而又复杂，说龙似凤颇有几分奇异之妙，"龙凤柏"也就这样叫起来了。该树的主干部分早已被切除，所见的枝干都是原生树根部分。原来的几根枝条叶量少并且长势弱，经过4年的培养，枝叶增多、

树势强壮。于2006年春开始动手制作。图3、4所示是2011年秋季的成品记录，虽然成熟度还有欠缺，但该树已进入观赏阶段了。本次介绍这棵树的制作过程确实有点复杂，因为它先经历了复杂而有难度的雕刻，第二阶段又实施了枝干整型手术，紧接着是数年的整姿作业。以下就分为3个部分进行解说。

一、雕刻过程：

图5、6、7、8、9可见已经风化的根干形状极为复杂，但其线条变化好，木

图 1 桩材的观赏面（2006 年拍摄）
View side of the pile (photographed in 2006)

图 2 桩材的背面观（2006 年拍摄）
Dorsal view of the pile (photographed in 2006)

图 3 成品时的观赏面（2011 年秋拍摄）
View side of finished work (photographed in autumn 2011)

质老化程度高。具有较大的可塑性和造型潜力，如技艺得当可创造出极富观赏价值的柏树舍利。

雕刻要点：顺其势创造自然完美的肌理线条。尽量保留原有的天然风化现象，雕刻部分与之相吻接时要注意自然过渡，浑然一体为好。对于大小断面的制作要注意章法：把粗与细、长与短、收与放及形状的创造上表现到位。

图中所示，这个素材还具有主干粗、断面大、木质纹路缺少变化的缺点。这给雕刻造型带来了一定难度。面对这种现象，造型上要注意：1. 在拙中找巧，即化肥重为轻巧的方法。注意在某一局部找到具有变化特征的部分以突出表现，从而创造亮点以改变整体形象的视觉效果。2. 破平立异，破除大的规则平面，建立不平常的奇异效果。3. 所有新创造

图 4 成品时的背面观，背相造型效果已达到目的（2011 年秋拍摄）
Dorsal view of the finished work. The back modeling has reached expected effect. (photographed in autumn 2011)

图 5 看每一个部位都让人心动（2006 年拍摄）
Every part is touching. (photographed in 2006)

图 6 雕刻这个大断面很有挑战性（2006 年拍摄）
It is a great challenge to curve the large section.
(photographed in 2006)

图 7 侧面观，面对这个粗家伙只有从中找乐趣了
View from the side to find fun.

图 8 从这个角度看雕刻难度更大
View from this angle, the carving is more difficult.

的部分力求天然，与原本的自然风化表象保持一致。4. 由于这棵树具有生机丰富的水线即活树皮部分，因此雕刻时要重点保护。

二、粗干的特殊整型：

条件分析：图 17、18、19，实物可见一根粗干向后直射，干粗约 10cm，长度约 110cm。在粗干的脊背上有一条活树皮（水线）清晰易见（如图 19 所示）。沿

图 9 形象在心中找到突破口就开始动
手吧！（2006 年拍摄）
Start working when finding the
breakthrough. (photographed in 2006)

着树皮向上约 40cm 多处有一组长势很
好小枝条，它带动了水线不断增厚，同
时水线供养了这些充满生机的枝叶。显
然这根干的形状和位置都不理想。唯
一能利用的是这一组枝条，但是，要想
利用它可能要付出代价！

根据作者的意图准备选择图 1 做
观赏面。所以要利用后位的这一组枝条。
欲想通过整形调矫把它转移到树的右
侧下位，以实现整体树姿的完美造型，
达到图 3 的造型效果。决心已定，首先
分析一下整型的难度：请看这条水线的
宽度约有 4cm 左右，与皮下相连的木质
层均为红色老化的不含水分的干木质，
导管层和生发层仅有 0.5cm 的厚度。这
在整型调弯时最易折断，操作时稍有不
慎都会造成整型失败。第二，即使整型
成功，其整体发育增粗速度的快慢能否
达到以皮代干的整型目的？面对难度，
作者只有用心度量，要做到以最安全的
方法达到最完美的效果，术者必须胸有
成竹！并严格操作规程：1. 在去除木质
部分的同时要做好断面的处理。2. 在做
皮层分离时切勿伤及导管层，木质层的
厚度要保留适当。3. 做好内外两层的支
撑筋排放，以加强保护措施。4. 操作时
弯曲动作要稳循序渐进做到手摸心会，

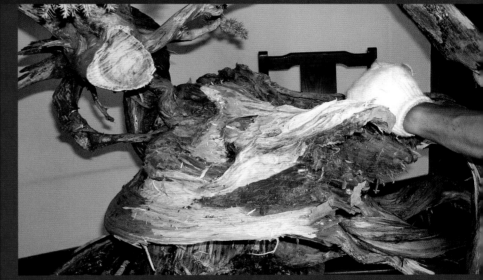

图 10 攻关已初见成效，上边这一块纹路有变化已被巧用
Initial effect has been achieved. The changed lines have been artfully used.

图 11 这边的骨头更难啃，说不定能雕出效果来
It is not easy to do this. Maybe an excellent effect can be achieved.

不可暴力急于求成，以防折断。如不能一次弯曲到位可分期实施。5. 弯曲完成之后做好固定措施，以防松动造成不必要的损伤。

三、整姿过程：

前文中已说明这棵树是一棵形状比较复杂的素材，不具有树的常形。经过雕刻以后的形象特征更具有奇柏的审美特色。无论是枯干的舍利部分还是紫红色的树皮都饱含着丰富的审美情趣，让人回味无穷。因此，作者在整体造型安排上会突出表现。让绿色的枝叶部分与树干相互衬托，相互谐调，最终又能融为一体。

造型整姿要点：1. 整体布局上要险奇中求稳，不寻常中求平。右下位的大枝调矫成功，使整棵树有了平衡枝和主

图12 从前面看看这些断面处理吧
See the section processing from the front.

图13、14、15 用三天的功夫制作基本完成，至于说效果还是看了再说吧！
The work is basically finished. Let's see the final effect.

要观赏枝。2. 将树干精彩的部分都显露出来，在造枝的布置定位时要实现这一目标。3. 对于内枝的造型要讲枝法、讲线条过渡、讲枝的自然形象美，使每一个枝的造型安排都为以后常年的连续制作打下更新交替的枝法基础。4. 布势安排时重视空间布白，层次感、节奏感、透视效果及纵深枝位的安排。5. 这棵树在正观赏面和背面的整体布置上要同等重视，做到两面观赏正面为主。

图16 2011年记录雕刻后的风化现
Weathering phenomenon recorded in 2011 after carving.

图 17 2011 年记录漂亮的舍利和紫红色水线的质感对比
Texture contrast between the beautiful Sarira and purple waterline recorded in 2011.

图 18 这里可以看清向后伸展的直干和干上的一组枝条
It is easy to see from here the trunk stretching toward back and the branches.

What Penjing artists want to get are ideal Penjing materials. With active creative practice and passing through the whole process of creation as well as giving full play to their skills, Penjing artists will finally get the artistic image that meets their appreciation requirements.

The cypress (see photos 1 and 2) is got from a mountain. It has a peculiar and complex shape which looks like a dragon and even a phoenix---that is the reason why it is called "Dragon-Phoenix Cypress". Part of the trunk has been cut away and remaining is the original tree root. The original branches have little leaves and are very weak. After cultivation for 4 years, there are more branches and leaves and the tree gets stronger. The work was done in the spring of 2006. Photos 3 and 4 show the finished work recorded in the autumn of 2011. Although lacking of maturity, the tree has come to the appreciation stage. The introduction to the making process of the tree is really complicated, because it is firstly treated through complex and difficult carving, and its trunk is modeled at the second phase and finally the tree is posed within many years. It is illustrated by three parts as below:

I. Carving Process

From photos 5 to 9, we can see that the weathered root has a complex shape, but with good changes in lines and high

图 19 这个角度可以清晰看到树干脊背上有一条水线隆起
It is easy to see a raised waterline on the trunk back.

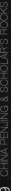

图 20 去掉枯干准备分离水线
Cut off the dead trunk to separate waterline.

图 21 挖掉多余的木质
Dig out redundant wood.

图 22 水线已经分离，断面已雕刻到位
The waterline has been separated and the section has been well carved.

图 23 外加塑料皮条封闭包扎，然后进行弯曲调矩
Use plastic leash to seal and wrap up and then adjust.

degree of aging. It has a great plasticity and modeling potential. Appropriate skills will create a cypress sarira with rich appreciation values.

Key points for carving: Create natural and perfect texture lines. Try to preserve the original weathered phenomenon, and pay attention to the natural transition between the carving part and the natural transition. Of course, it will be good for integrating them as a whole. Attention should be paid to the techniques for making the sections of various sizes: To express the thickness and thinness, length and short, stretch and contraction and shape creation.

Seen from the photos, it also has the defects of thick trunk, large section and lacking of changes of texture, which greatly challenges the modeling. For this reason, the followings should be paid attention to: (1) Find techniques in difficulties, namely, convert complexity into simplicity. Find a part with characteristics of change to mainly highlight and thus to change the visual effect of total look. (2) Make the large regular planes into unusual fantastic effect. (3) Try to make the new created parts to become natural and meet the original natural weathered appearance. (4) Because this tree has vigorous and rich waterlines (live barks), it shall be protected well in the process of carving.

Ⅱ. Special Modeling for the Thick Branch

Condition analysis: From photo 17 to 19, a thick branch stretches toward back. It is about 10cm in thickness and 110cm in length. On the back of the thick branch there is a live bark (waterline) which can be seen (see photo 19). Along the bark upward for about 40cm there are a group of small branches which are growing very well, which makes the waterlines thicker. The waterlines nourish the vibrant branches and leaves. Obviously, the shape and position of the thick branch are not ideal. What can be used is just the group of branches, but it may be a great challenge.

Select photo 1 as the view side according to the creator's intentions. Make good use of the branches at the back. It is expected to transfer them to the lower right place by modeling and adjustment to realize perfect tree pose and thus to meet the modeling effect in photo 3. Firstly, analyze the difficulties in modeling: the waterline is about 4cm in width, and the layers linking with the bark are all dry wood without moisture. The vascular layer and the germinative layer is only 0.5cm in thickness. Break-off will easily happen in modeling and adjustment, and failure of modeling will cause easily. Even if modeling is achieved, can its total growth and thickening speed reach the purpose of replacing trunk with bark? In face of the difficulties, the creator needs to consider seriously and achieve perfect effect in a best way. The maker must have a great confidence and strictly comply with procedures: (1) Pay attention to the sections while cutting away the wood part. (2) Do not harm the vascular layer when doing cortex separation. (3) Arrange well the inside and outside support rods to strengthen protection. (4) The bending should be steadily and gently conducted step by step avoid break-off. If the bending can't be realized one time, it can be done by stages. (5) Upon the bending is completed, fixing measures should be done to avoid any unwanted injury caused by looseness.

Ⅲ. Tree Posing Process

The preceding part of this article has stated that the cypress doesn't have a regular shape. After the carving, its image has more unique and fantastic aesthetic features. Both the remains of the tree and the purple bark have rich and endless aesthetic appeal. Therefore, the creator will highlight this in the arrangements of the whole modeling, let the leaves and the branches set off each other, harmonize mutually and integrate into one finally.

Key points for posing: (1) Try to find harmony in the overall arrangement. The adjustment for the lower right large branch gives this tree balance branch and ornamental branch. (2) Highlight the wonderful part of the trunk in modeling arrangement. (3) Focus on

图 24 外加塑料皮条封闭包扎，然后进行弯曲调矫 Use plastic leash to seal and wrap up and then adjust.

图 25 弯曲度到此为止，做好牵引固定 Bending is sufficient and get down to fixing.

图 26 一年后将弯曲调整到位，同时皮层愈合组织明显增厚 Adjust the bending well 1 year later. The healed cortical tissue obviously gets thicker.

图 27 整型五年后水线明显增粗，已达到以皮代干的整型目的 The modeled waterline gets thicker after 5 years, reaching the goal of "bark replacing trunk".

图 28 经过二次调整后弯曲角度已到位。准备枝条的整姿造型 The bending is well done after the second adjustment. It's time to prepare model the branches.

图 29 进行枝条取舍 Choose good branches.

图 30 继续进行枝条取舍
Continue choosing good branches.

图 31 同图 30

图32 同图30

图 33 三年后全部整姿造型，图中可见整型后的水
线明显增粗 **The modeling work is finished
after 3 years. The modeled waterline gets
thicker obviously.**

the techniques, lines transition and natural
beauty for the modeling of inside branches
to lay a foundation for the following work.
(4) Pay attention to arrangements in space,
layering, rhythm, perspective effect, and
branch position. (5) Give equal attention to
the front view side and the back overall layout
to achieve the effect of two sides viewing but
mainly focusing on the front side.

图 34 背面观 Dorsal view.

文人树

Scholar Bonsai

文：春花园 BONSAI 美术馆 馆长：小林国雄

Author: Kobayashi Kunio（Director of Shunkaen BONSAI Museum）

盆景的树形各式各样，但不知为何，我对文人树情有独钟。在我看来，文人树拥有着观赏一切盆景所贯穿的基本理念。

所谓文人，用自古以来中国的概念解释，是集学问、修养于一身，爱好吟诗作画、附庸风雅之人，是对权力、地位、名誉、物欲等处之淡泊，所谓游离于世俗社会之外、崇尚弘扬自由精神的群体。

虽然存在着大量仅仅模仿树形的"文人风"、"文人式"盆景，那么，真正的文人树、极致的文人树究竟是什么样呢？首先，作为文人树的树姿，应该是潇洒、飘逸的，它摒弃了浮华、绚丽的表面装饰，在生长过程中经受大自然的严酷考验，数次历经苦难的修罗道场，但为了自我的生存，以最小的限度将多余的枝条削落，于生死的极限中顽强生存的树才是理想的。

以最小的限度将多余的枝条削落，在留白余韵中尽显恬静清寂，于生死的极限中顽强生存的树才是理想的。

除此之外，枝条造型上，表现出扭曲的树干与强韧有力的线条，依树种的不同，"神枝"与"舍利"所带有的自然的严峻感及内在流露出的树干之韵，经受住了在严酷环境中苛刻的磨练，可以说，"枯高、冷峻"的树姿是理想的。

每当我在园中的茶室"无穷庵"中与文人树相视而坐时，就能体味到人活于世的价值观与永葆青春的生命尊严。通过隐藏于内在的潜力与资质，以及人所具有的艺术性创新精神能量的共同发挥，于是就有了"文人盆景"的诞生。

茶室 与文人树相视而坐 小林国雄

Kobayashi Kunio stay with Scholar Bonsai in tea ceremony room

文人木とは

盆栽の樹形には色々あるが、私は、なぜか文人木が好きである。文人木はすべての盆栽を観賞する上での基本理念に通じるものがあると私は考える。

文人とは、古来、中国で生まれた概念で、学問・教養を身につけ、詩文・書画など風雅なことをする人で、権威や地位・名誉・物欲等に魅力を感じない、いわゆる俗世間と遊離した、自由な精神高揚を目指した人々である。

樹形だけを真似た「文人風」「文人スタイル」の盆栽は多くあるが、では、本物の文人木とはどういうものであろうか?

まず、文人木の樹姿としては瀟洒で飄々とした姿であり、生育の過程において大自然の厳しさに耐え何度も苦難の修羅場に会いながらも、自ら生きるために無駄な枝を最小限に削ぎ落とし、省略された中に侘び寂びを現出し、生死の極限に生きる樹が望ましい。

また、捻転した幹模様と力強い線を描く枝振りなど、樹種によるが「神」「舎利」の自然の厳しさや内面より滲み出た幹味が苦境のすさじい試練を耐え抜いた、いわば「枯れかじけ寒がれ」といった樹姿が理想である。

当園の茶室「無窮庵」で文人盆栽と対峙していると、人が生きるうえでの価値観と不老長寿の生命の尊厳を感じる。内面に秘めた潜在的な力と資質、それに人間の持つ芸術性と創造的な精神エネルギ」との合作によって「文人盆栽」が誕生したのである。

赤松 高 85cm 桃花泥交口云脚轮花盆 小林国雄藏品
Japanese Red Pine. Height: 85cm. The peach blossom clay intersected edge cloud foot flower pot. Collector: Kobayashi Kunio

五针松 高 87cm 南蛮古钉圆盆 小林国雄藏品
Japanese White Pine. Height: 87cm. The Nanman ancient nail round pot. Collector: Kobayashi Kunio

山樱桃 高 76cm 民国绿釉长方切角盆（平安东福寺） 小林国雄藏品
Wild Cherry. Height: 76cm. The green glaze rectangular corner cut pot in Min Guo era (Heian Tofukuji). Collector: Kobayashi Kunio

There are various styles of bonsai, but somehow, I can't conceal my special preference to the scholar tree. In my eyes, scholar tree has the basic views that go through each bonsai when you appreciate it.

The so-called scholars, if interpreted with the Chinese concept from ancient times, are those who are noted for knowledge & accomplishment, fonding of art, like poetry and painting as well as indifferent to power, status, reputation, and material desire. They are free from secular society and advocate the promotion of free spirits.

Although there exist a lot of bonsai mimicing only the style of the scholar tree, like "the scholar style tree" and "the scholar pattern tree"; what is the real and delicate scholar tree like? First of all, a scholar tree must be unconventional and elegant. It abandons the flashy and magnificent surface decoration, and suffers from nature's ordeal even several deadly tribulations in

真柏 高 65cm 民国朱泥交口木瓜盆 小林国雄藏品
Chinese Juniper. Height: 65cm. The red clay intersected edge pawpaw pot in Min Guo era.
Collector: Kobayashi Kunio

赤松 高 97cm 民国紫泥腰线圆盆
Japanese Red Pine. Height: 97cm. The purple belt line round pot in Min Guo era.

杜松 高 94cm 南蛮变形日本盆
Stiffleaf Juniper. Height: 94cm. The Nanman distortion Japanese pot.

丝棉木 高 97cm 南蛮变形日本盆
Euonymus bungeanus. **Height: 97cm. The Nanman distortion Japanese pot.**

the growing process. In order to survive, it cuts off redundant branches with minimal limits. The simple and margin left shows quiet and peace and all of those make the best scholar tree.

In addition, the figure of the scholar tree should be gnarled strong and powerful. According to different species, with the sternness and charm performed inside the tree, "Jin" and "Shari" stand the sever test of the harsh environment. So, we may say that tall and spare figure as well as coldness, are the ideal figures of the scholar tree.

Whenever I am sitting at the teahouse "Wuqiong Pavilion" in the garden and gazing at the scholar tree, I can appreciate the value of living in this secular society and the dignity of the struggle to stay youth. The birth of Scholar bonsai mainly lies on the potential and quality hiding in the tree, as well as people's artistic innovation spirits.

壁龛装饰 真柏 高 84cm 紫泥飘口轮花日本盆 小林国雄藏品
The niche decorated. Chinese Juniper. Height: 84cm. The purple clay overhang edge round flower Japanese pot. Collector: Kobayashi Kunio

北京市盆景艺术研究会成立

Penjing China 盆景中国

1992 20 2012 周年庆典

北京市盆景艺术研究会成立 *20* 周年庆典
活动于 2012 年 7 月 14 日在京举行

The celebration for the 20th anniversary of the founding of Beijing Penjing Art Research Association held in Beijing on July 14th, 2012

摄影、撰文：北京市盆景艺术研究会
Photograph/Author：Beijing Penjing Art Research Association

2012 年 7 月 14 日，北京市盆景艺术研究会成立 20 周年庆典活动在北京百望山森林公园举办，来自中国林业出版社、北京市园林绿化局、中国盆景艺术家协会、北京花卉协会、北京观赏石协会等单位代表以及研究会会员代表 50 余人参加了本次活动。

1992 年，由业内著名专家、学者、资深盆景界人士以及相关盆景赏石企业成立了北京市盆景艺术研究会，传承国粹艺术、树立北京盆景地方特色是建会的宗旨。20 年来，我会历届会员为中国盆景事业的发展做出了不懈的努力，同时也取得了丰硕的成果。我会多

次代表北京市参加中国花卉博览会、全国绿化博览会、北京花卉展以及亚太地区的专业盆景展，荣获特等奖、金奖等奖项 50 余个。

我会会员出版了以《中国盆景文化史》为代表的有社会影响力的盆景书籍 30 多种，发表有较大影响的论文 500 余篇。

北京市盆景艺术研究会走过的 20 年充满了艰辛与喜悦，我们坚信通过不懈的努力，北京市盆景艺术研究会会取得更大的成绩，为中国盆景事业的发展再建新功。

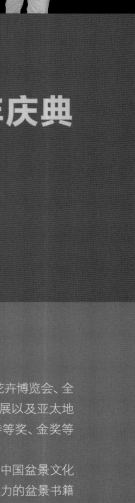

2013 我们应该做什么 之继承传统与 改革创新

2013 What Should We Do About Inherit the Tradition & Introduce Innovations

访谈及图文整理：CP Interviewer & Reorganizer：CP

郑永泰 中国风景园林学会花卉盆景赏石分会副理事长 广东省盆景协会副会长 中国盆景艺术大师

中国盆景艺术的这些"多种多样"、"诗情画意"、"小中见大"等传统特色不但不能抛弃，而且是要继承、是要发扬光大的。但是任何的艺术都具有时代性，盆景艺术也有时代的意义，盆景来源于自然，但是随着盆景事业的发展，在上个世纪中期，盆景形成了多个流派并且大部分成为了规则性的盆景，那个时代的盆景也有做工精细等优势，但是由于时代的发展和审美观的变化，已逐渐被淘汰了，它代表中国盆景发展的一个阶段，可是

具有自然美的自然式盆景才是当今时代我们发展的方向。

我认为我们盆景的改革应该是从多个方面逐渐地实施。在展览上，我们应该举办一些专项的展览，做到展览小而精；在评比中，尺寸限定等标准也可根据中国的实际情况的时代要求，作出有待进一步的探讨与确定；在奖项方面，我觉得我们可以设立一些诸如"最有特色的作品奖"、"最贴近生活奖"、"最有创意奖"等来促进多种有中国特色的、有创新意义的盆景发展，而不是设立过多的金、银、铜奖。

2013年的三个盆景展览会，给中国盆景提供了一个展示、宣传的有效平台，我相信经过精心的准备和盆景界共同努力，一定能展示出中国盆景迅猛发展，百花齐放的现状，让外国的盆景界人士看到中国盆景的真实水平，而且通过这些展览，也有利于今后世界盆景界更多的交流，对中国盆景走向世界，对世界盆景艺术的更好、更快繁荣发展，会起到很好的促进作用，在中国盆景发展史上将具有深远的历史意义。

胡乐国 中国盆景艺术家协会艺术顾问 中国风景园林学会花卉盆景赏石分会顾问 中国盆景艺术大师

日本的盆景不仅被全世界所知晓，也被全世界所认可，而在过去，我们中国的盆景在世界上的影响力并不大，究其原因，政治上，一百多年来我国政治始终处于一个封闭状态，对外的交流很少，因此没有广泛的认知度；文化上，亦有以下几点原因。

第一，日本盆景的造型特征多为正三角形等几何结构，枝干角度以90°居多，简单易行，容易被世界盆景爱好者广为接受、传播。树冠三角形结构为树木或树木盆景的树冠的最简单图式，而中国的盆景树冠三角形的不同，在乎有丰富的变化,其枝干讲究原生态的特征。在种类上有松柏类、杂木类等不同种类,在造型上更多是因材制宜、讲究动态枝干角度追求浑然天成,没有固定的模式。

第二,从中国盆景的内涵来看,外在的具象特征表现为:树冠外轮廓线的变化、线条美、姿态美、空间美、比例协调等;内在抽象特征表现为:富于诗情画意,讲意境或有人文气息。但是没有中国的传统文化做基础是很难被理解的,这在中国盆景的推广上也是一个难关。

第三,在养护管理等技术方面我们还有欠缺。中国从事盆景事业的人群从比例上来看,一方面,文化水平偏低的从业者较多,因此就很难按照现代的先进科学技术来处理盆景的制作与养护管理;另一方面,以获得盆景的经济价值为目的的商人较多,由于养护管理的投入会增加成本,导致在盆景的后期管理方面还不到位。

这些我们欠缺的地方应该向日本学习,但是有的地方我们也要保持我们自己的传统。比如,我最近通过参加活动得知日本人在示范表演中使用的是基本成型的或是多年未经过修理的材料,是在前人的基础上更进一步,而中国在示范表演时一般选用的是原生态

的、没有制作过的材料,难度更大,展现给观众的技术也更实用,所以很多我们的优良传统是一定要传承发扬的。我们盆景的发展需要扬弃也需要创新,如过去的时候很多人都认为在主干的三分之一的位置上下出第一枝为最好,但是现在做的高干式就是在三分之二左右的位置下垂更自然、效果更佳,那么过去的规则就可以放一放。创新需有一个很长的过程,而且创新不是和别人不一样,不是搞奇形怪状,因为创新不能离开自然美与艺术美的基础规律。

明年在中国举办的三大世界性盆景大会,是对近年来中国盆景事业进步的肯定,是难得的展示中国盆景水平和实力的机会,我们要着力于策划和组织工作。但不是举办几次盆景大会就能使中国的盆景水平立即就有个"大跃进"。中国盆景事业走向世界需要中国盆景同仁同心协力地在国内努力提高盆景工作者的文化艺术的水平、大力推广先进技术、加强媒体的宣传力度、多向世界介绍中国盆景的内涵、广泛地在世界范围内进行示范表演和教学课程等来一步一步地实现。

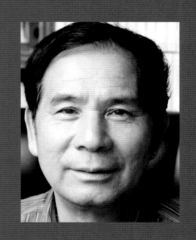

谢克英 中国盆景艺术家协会副会长曾在 2006 年中国(陈村)BCI 博览会中负责组织工作并担任评委会副主任

中国盆景审美观点源于中国古老的文化,既依据于中国画的画理,又体现着中国民族特色和时代精神,强调把自然界中祖国的大好河山自然景观和作者自身创意共融入于盆景作品中,盆景是"天人合一"的艺术品,是自然景物和作者的技艺、创意融为一体,达到形似和神韵一致的境界。此外,一方面在对树桩造型时,我们因树造型,技法灵活多变,作品千姿百态;另一方面中国盆景富有诗情画意、民族特色,其题名也为盆景的创意起到了画龙点睛的作用,体现了作者的创作理念,又给欣赏者留下无限遐想、回味无穷。

尽管中国盆景的民族传统我们要继承、要发扬，但是在用土方面、创作工具方面、科学管理等方面我们还有很大的差距，我们要学习国外先进的养护与管理方法，摒弃传统中不合理的环节。虽然中国的岭南派盆景在技术语言上有自己的技法、枝法、创作理论及评比标准等，如制作过程中"蓄枝截干"、"脱衣换锦"等专有名词也简单易懂、广为知晓，可以说已经形成比较完善的体系了。但就中国盆景整体的技术语言及理论方面来看还有很多需要完善的地方，需要我们在实践中不断互相学习、互相交流，不断地总结，逐渐形成中国独有的盆景创作理论体系，这是十分必要的，也是刻不容缓的。

另外，虽然在国外的展会上有住宿费用、门票费用等全部由参展者、参观者自理的情况，中国盆景展览也可以适当地做些改革，但我个人认为中国出于"以礼相待"的文化传统，在展览期间的宴请安排等作为一种习俗还是不能全部免掉的，这是中国人"热情待客，宾至如归"优良传统的体现。

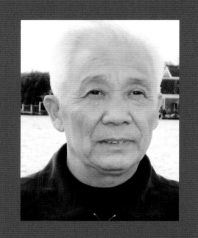

胡世勋 中国盆景艺术大师 中国盆景艺术家协会副会长

中国盆景是中国文化艺术的一个组成部分，是一种具体的形象的艺术形式，是中华民族精神及生活完美的升华。中国盆景，具有浓烈的诗情画意，包含了作者的思想感情，以及对大自然的认知与热爱，中国盆景折射出很多人文元素及中国人的人生观、审美观。

在树种选材上，中国地大物博，形成了盆景树种的多样性，因气候及物种的分布差异，又具有一定的区域性，如金弹子、海棠、对接白蜡、九里香等许多特有的树种。

在盆景造型上中国幅员辽阔，派系林立，造型各异。从过去的规则式，逐步走向自然大树形，注重桩材的变化及枝条线条的处理，讲究主次、疏密、虚实、藏漏、呼应关系，注重刚柔相济，追求气势与力度神韵与意境常以截干蓄枝，牵引吊压，粗扎细剪，运用放养与缩剪等技术，营造飘逸、刚劲、灵动多姿的自然姿态，因材施艺，力求自然，这些都有别于其它国家。

在造型内涵上，中国盆景注重诗情画意、境界的营造，以形传神，以神表情，以情达意。

中国盆景在创作中，依据诗歌绘画艺术的理论，利用焦点或散点透视原理以素描或写意多层次、多角度的表现手法，升华大自然之美，力求达到"形神兼备，情景交融"的视觉效果让人产生心灵的愉悦，激发人们对大自然的热爱。这些视觉上的效果，是根据诗歌与绘画风格的理论术语而创作的所以，我们说盆景是文化的另一种表现形式。

因为盆景是一种文化艺术，艺术贵在创新、贵在开拓发展、贵在多元化，所以我们盆景的发展既要注重民族文化的传承，更要提升创新意识。中国盆景在走创新之路时，我们必须打破过去的流派、门派以及区域习俗，要打破传统的规则式造型，弯枝扎片技艺，传统的定制式，违反了树木生长的自然规律，束缚了作者的思想与情感的表达，作品千篇一律，毫无新意，成为匠气十足的工艺品，何谈情景交融、形神兼备，更谈不上意蕴了。创作应遵循自然法则，绝不要削足适履，但作为非物质文化遗产，我们也应加以保护。

关于国外参展者费用自理这方面的改革，我想可以借鉴国外好的运行模式。中国的改革，涉及传统观念和长期延续的规则，许多方面不是组织方能够解决的，改革的难度在于我们的国人是否可以尝试预算在参展收费中，或者推出有偿纪念物件等。

芮新华 中国盆景艺术大师 中国盆景艺术家协会副会长

中国盆景造型没有固定的几何图案,中国盆景作者是因材施艺、追求反映自然美的树木和山水景观，在喜好上倾向于能体现中国文化内涵的盆景造型。因此，中国盆景的特点是：自然，富有诗情画意，表现手法多样化，如水旱盆景、山水盆景、微型盆景等。

基于中国盆景的特点，中国盆景可以说是一座规模较大的百花园，由此中国盆景必须走百花齐放之路。由于一盆好的岭南盆景，它

必须要有扎实功底和盆龄，有的盆景作品甚至需要两代人才能完成，所以岭南盆景作为百花园中的一支奇葩，即使是在国外也有很多同仁欣赏岭南盆景。在明年的世界性盆景展览中可以加大对岭南盆景的宣传力度、展示岭南盆景的特色，但不要忘记和轻视其它地方风格盆景的展示和宣传，更不能忘记中国盆景可是一座百花园，每一朵鲜花都绽放才能满园芬芳。

盆景是一门艺术，艺术的价值在于生命，没有新意的艺术是不能长久的。不断创新的盆景艺术才能具有旺盛的生命力，它的艺术生命才能长远，商业价值也会随艺术生命长远而提高，盆景事业才能蒸蒸日上不断发展。但是对于国外展会费用自理现象，中国还需要时间逐步同国外接轨，目前已改革了很多，国情不一样，国外很多夫妻之间生活费 AA 制，而中国这种现象就很少，所以无论是盆景自身的改革，还是盆景展览方面的改革，我们都要考虑到中国的实际国情，从现实的角度出发，从中国的传统习惯出发。

李伟 中国盆景艺术家协会副会长

中国盆景源远流长，其中不乏有一些好的技法，但是随着时代的变迁也有一些是要改革的。传统的扬派、苏派的老技法制作出来的盆景过于工整，老艺人制作的盆景一片一片的给人以打理得整整齐齐之感，盆景是源于自然的艺术品，因此我们应该去掉一些人工味。

而且一幅好画要很好的环境来衬托，盆景也要好的"环境"来衬托。我们在盆景的配景方面还不是很在乎，有的还停留在为了参展临时搭配的程度。但是实际上，盆景作为一件艺术品，需要背景、几架、题名的衬托，这部分也是很重要的，在明年的大会上我希望不仅能看到技艺精湛的盆景造型，也能看到相得益彰的搭配。

在评比中，我认为盆景的规格方面也应该有所改革。一方面，中国正在城市化，在城市中空间越来越小，对盆景的制约很大，因此促进了小型盆景的发展；另一方面，在郊区、在农村有的人拥有几十亩地，有制作大型盆景的空间，适合大型盆景的发展。因此，我认为盆景的大小因人而定，小的盆景可以进入千家万户，大的盆景更有震撼力，还能带来经济利益。

所以，盆景不在乎大型、小型，只要是技术精湛就是好的作品。在评比中惯例的 1.2m 这个标准还是合理的，但是做工精良的巨型盆景也应该给它展览的舞台，可以尝试大型盆景的分级别评比，或给大型盆景一个展示的空间。在明年的展览会上，我认为具有中国特色的优秀大型盆景也应展现给国际友人，因为大型盆景即便没有在评比的范畴内，它也是中国盆景艺术的一部分。

盆景可以调节压力使人心情愉悦，可以美化环境、装点生活，现在已经有很多人热爱、重视盆景，有一些商业界的成功人士也大力推进盆景的发展，我相信再发展十年的话，有好多作品能赶到国际水平的前列。

魏积泉 中国盆景艺术家协会副会长 中国盆景大师

传统的盆景要有代表性的保留，要继承并发扬，但是也不能全盘沿用，那就缺乏了创造性、时代感。扬派盆景作为中国盆景中的一个流派，有很多传统的手法，也对中国盆景的发展起到重要的作用，但是随着时代的发展，由于扬派盆景没有紧跟时代的步伐，现在对于扬派薄饼似的造型，认可的人很少。不能说它不好，它也很有艺术特色，在当时也是得到了很多人的赞赏，但是现在技术进步了，很多盆景的制作手法也随之改进了，审美眼光也和原来有所不同了。

艺术的精髓就在于"无中生有"，新是个很大、很广泛的话题，每个人创作者都有自己的特色，我认为创新是在传统理念和固有技术的基础上再加入对艺术的理解，使它更完美。但是创新之初是艰辛的，这和绘画是同样的道理，其中有一些抽象的东西，并不能被完全地感悟，往往刚开始是不被欣赏的，但是有一些独特的创作思路，艺术感觉、视觉效果更好，这主要是需要有艺术的基础。盆景的学问是学无止境的，要不断地学习，活到老学到老，盆景的创新也是要不断地推进，不断地创造，不断地改革，不断地提高。在最近30年，中国的盆景发展很快，而且不拘泥于传统，不断创新。

在明年的展览会上最好能展示出各个流派的盆景，有传统的盆景也有创新的盆景，这样才会百花齐放。每个人的审美都是不同的，观察的视角也有差异，那么大家在观赏不同类型的盆景时，一起交流、比较分析、共同探讨，也会使展览会收到好的效果。

举办盆景展览会，人人都是因为兴趣、爱好来参与的，应该是非常自觉地进行，不应该是样样都有补贴，国外好的办展经验我们也要向他们学习，这些方面也是要改革的，样样都要向前看。

王礼宾 中国盆景艺术家协会副会长

中国盆景近三十多年来得到快速发展这已是不争的事实，其重要原因就是贯彻了"百花齐放，百家争鸣"的思想。无论何种艺术类型要繁荣发展，都不宜把它限制在某种框架内，只有一种流派才是正宗的或是代表中国的这种说法，在我看来是既不符合艺术的发展规律，也不利于艺术的发展的，盆景艺术也是如此。既然存在不同的流派、风格，那就有不同的审美观。技术是有规范标准来衡量的，而艺术却从未只有一种审美标准来定型，假如某种艺术一旦只有一种审美标准，那它也即将走进死胡同、走到尽头。如果中国的盆景艺术

真要提一个审美标准的话，我认为"源于自然，高于自然"，"虽由人作，宛自天开"这句话最合适。

盆景艺术要发展就必须创新。只有创新才能有强大的生命力，才能推动盆景事业向更广更高发展。但盆景艺术的创新，不是对历史、传统的"抛弃"，而是在传统的基础上，从技艺、树种、栽培技术以及新的艺术理论指导等方面进行创新。

中国盆景艺术有一些特殊的语言中国盆景更看重意境的表达，这些元素在盆景艺术中是非常重要的，但在推广方面，特别是向国外推介的时候较难理解。我认为正如世界各地有许多孔子学院去推广汉语一样，可以借助推介中国画的方法向国际友人推介中国盆景艺术。同时中国盆景艺术也可以通过多种渠道、多种媒体，特别是通过可图、文、声并茂的电视、网络媒介等最为简便又行之有效的方法来推广中国盆景。2013年将在中国开展三大盆景展览，通过盆景的展览与评比、大师的示范表演、开展中国盆景讲座等方式也能对诸如"诗情画意"、"蓄枝截干"等具有中国特色元素的盆景语言进行解释、说明，以让国际友人了解中国文化，了解中国盆景艺术。

大尺寸盆景与时代精神

Large-scale & Penjing The Spirit of the Times

文：覃超华 Author: Qin ChaoHua

作者简介

覃超华，中国盆景艺术家协会常务理事、副秘书长，国家林业局花卉专家库咨询专家，广西盆景艺术家协会副会长、专家委员会副主任委员，广西艺术品收藏协会副会长，广西藏獒俱乐部主席。先后被评为中国杰出盆景艺术家，广西盆景艺术大师，中国盆景高级技师。

建国后特别是改革开放以来，我国盆景艺人们批判地继承盆景艺术传统，打破了"树不盈尺"的旧有框框，推动了盆景体量的多元化发展。我国盆景呈现了微型、小型、中型、大型并存、共同发展的新格局。近几年来，盆景创作又凸显了体量增大的趋势，成型盆景作品高度在1m、1.2m甚至1.5m以上者不乏其数。大尺寸盆景面世，涌现了不少力作，它的突出美感令人耳目一新，为盆景艺术的百花园展开了一道十分绮丽的风景线，它以视觉的震撼与壮美雄奇勾人眼球搏得喝彩，获得消费者、收藏家的青睐，为盆景这门传统艺术增了光、添了彩，注入了新的生机与活力。

然而，如何看待大尺寸盆景？这个本来不是问题的问题却成了问题。盆景艺术界褒贬不一，各持己见。其中持否定态度的为数不少，有的还是行内权威。他们把大型盆景视为"超规格"的怪物，提出"中国盆景艺术要走小型化的发展道路"，认为大尺寸盆景的出现是一种"冒犯"，是"违了祖宗"、"丢了传统"。于是把大型盆景斥为"盆栽"或"园林绿化树"，把它排挤出盆景艺术之列。近年各级各地举行的盆景评比展览，就有规定1.2m以上高度的作品不准参加评奖，甚至明文规定不许进场参展。还有的人把大尺寸盆景视若洪水猛兽，把它看成是冲击中小型盆景发展的罪魁祸首，大有不举杀人刀不解恨之态势。

大尺寸盆景何罪之有，是不是怪物，要不要像对待洪水那样，万众一心地高唱着"众志成城保家园，齐心协力退洪魔"？某国某地十年前盆景人也有过一时热衷于推崇大尺寸盆景的现象，现在反省不干了，中国眼下大尺寸盆景现象是否在若干年后也会重蹈某国某地的老路，也要反省。今后盆景展览评比，评委们给分要不要向苗圃育桩的盆景倾斜？要不要去教化盆景收藏家们来重新认识和重新看待中小型盆景，从而扭转热衷收藏大尺寸盆景的态势……如此这些，都不是笔者感兴趣引入讨论的话题，而是借着这个引子，抛砖引玉，请大家都来关心和讨论以下的问题：中国盆景究竟应该走小型化发展道路还是走微型、小型、中型、大型、特大型并存的共同发展之路？中国盆景艺术在继承传统中，是坐在"象牙塔"里谈经论道，还是直面时代，与时俱进，大胆创新？这些关系着我国盆景艺术的前途和命运的大是大非问题，已经明确地摆到盆景艺术界学术理论界面前，含糊不是办法，回避更不是办法。

黄花梨 高 2.12m 覃超华藏品

大尺寸盆景是盆景艺术范畴，"超规格"之说是概念滥用

何谓"规格"？各生产单位对它生产的成品所使用的原材料的规定的标准，如重量、密度、色泽、含杂量、化学成分、机械性能、内外尺寸等——《辞海》如是说。盆景是艺术品而不是一般的产品。用衡量一般产品的标准概念套在盆景艺术品的头上，从根本上抹杀了盆景的艺术性特征，其结果就是使盆景这一艺术品与一般产品相类同。盆景艺术是中华民族传统艺术百花园中一朵绚丽的奇葩，它形成于汉代，成熟于唐代，发展于宋元，兴盛于现代。它走过漫漫长路却依然勃勃生机、经久不衰，就是因为它的艺术生命在。但凡艺术，评判它的标准，是它内在的本质特征而不是外在的大小尺寸。

如果说中小型盆景是"合规格"的盆景，或者说"用整形修剪下来的枝条扦插培育"的盆景才是"合规格"盆景，高度超过 1m 或者 1.2m 的盆景就是"超规格"，那么，请问文学艺术、影视艺术、绘画艺术、雕塑艺术的尺寸规格又怎样去界定？鲁迅的短篇小说蜚声文坛，《三国演义》、《西游记》、《水浒传》、《红楼梦》难道篇幅太长当不成"四大名著"？一般电影放映时间为一两个钟头，而苏联影片《解放》要放映七个多小时；电视连续剧有几集或几十集组成，墨西哥有部电视剧竟有五百多集；徐悲鸿名作《八骏图》仅 1m 有余，而北宋张择端的长卷《清明上河图》横幅达 5.28m；同理，苏派盆景艺术大师周瘦鹃、朱子安的小型盆景为盆景界所赞叹，而同是苏派，苏州的特大型盆景杰作雀梅王、古桩圆柏难道人们去说它们"超规格"而不喝彩？

红酸枝 高 1.86m 覃超华藏品

盆景创作提供了大量的桩头材料。于是就有人认为，大型盆景桩头材料不是苗圃育桩，而是采掘于野生获得，它依赖天然的造化，没有体现人的创作。但事实并非如此，艺人们在采野过程中，挖掘前对天然桩头有否可塑性经过反复思索和细心选择，融入了艺人们的慧眼和创意；采出野桩之后，同书法家的"意在笔先"一样，进行"胸有成树"的构思设计，怎样立意，怎样布局，怎样深化主题，怎样体现形象神韵，有了方案之后才确定根干枝的去留在养护过程中，还要不断地修整定位，也要渗入艺人的思想感情和审美情愫。所以大型盆景的原桩头虽然得益于天然的造化，而在盆盎之中所展现的已不再是原始植物的一般形态，已经饱含了作者的思想情愫和技艺修养因素，是源于自然而高于自然，是作者造景抒情、情景交融的"高等艺术"。

盆景艺术是专供人们视觉享受的造型艺术，它给人们以美的信息、美的启迪、美的联想，美在它的清奇古雅，美在它的雄劲豪放，美在它的诗情画意。中小型盆景因其个体小，更易于搬动与摆设，而大尺寸盆景因其个体相对较大，入盆、搬动、摆设有所不便，但它的苍古、它的雄奇、它的气宇、它的和谐、它所具有的突出美感是中小型盆景所难以比拟的，这也是大尺寸盆景备受赞赏和青睐的原因所在。

大尺寸盆景是盆景艺术的一种创新，是时代的呼唤

大尺寸盆景遭到抨击、冷遇、排挤，受到诸多不公正的待遇，归根结底就是模仿思维和守旧观念作祟。从古代对盆景的称谓、考古资料以及有记载的评论言辞中可以考察到，自盆景问世到明清时期，广泛推崇的是微型和小型盆景。古人称盆景为"些子景"，顾名思义，盆

艺术的真谛在于它的实质内容。大尺寸盆景突破了传统盆景个体体量的框框，它仍然同中小型盆景一样，遵循着盆景创作的基本法则，仍然具有盆景的要素和特征它毫无疑问是盆景艺术的范畴，所谓的"超规格"只是无稽之谈。

首先，大尺寸盆景同中小型盆景一样，运用"缩龙成寸"、"以小见大"的艺术手法概括地反映自然，将大自然的古树风采、风光神韵浓缩在盆盎之中，向观赏者展现缩小了的自然生态景观，引导人们去联想，去品味，从中得到启迪，从视觉上得到美的享受。大尺寸盆景的"大"是相对于中小型盆景而言，它同样是对自然的概括、浓缩与升华，而不是自然物的一比一映像。这里有一个容易出现的认识误区，即认为盆景浓缩的倍份越大越好，大尺寸盆景体量大，浓缩的倍份就小。在这种认识支配下，有人就认为盆景体量小的要比大的好。

倘若我们都进入这个误区，那就只能一齐去搞小型、微型盆景，到头来就连古人主张的"树不盈尺"也"超规格"了。"缩龙成寸"、"以小见大"都是艺术手法，这里泛指的"龙"、"寸"、"小"、"大"都没有客观度量的规定性。龙有多长？是5m还是10m？大大小小、长长短短的龙都一概地缩成一寸，又怎么能反映龙本身的差别。大自然是多姿多彩、千差万别的，山有高矮，树有大小，作为再现大自然缩影的盆景艺术，怎么能同工业产品那样制造成同一规格？怎么就不可有微型、小型、中型、大型、特大型并存？1m以下的是盆景，1m、1.2m甚至1.5m以上同样是盆景。

其次，大型盆景同中小型盆景一样，是天然造化与人工技艺合二为一的产物。近年来国家大规模搞基础建设，高速公路伸长、城镇规模扩大、库区用地增加，这些建设项目工程用地，为大型

景体量为小型，经考证为公元 706 年迁葬的章怀太子（武则天之子）墓通道壁画有侍女手捧盆景的写照，即为小型盆景，明屠隆在《考槃余事》中载："盆景以几案可置者为佳……"也道出当时小型盆景的审美倾向，还有诸如"树不盈尺"、"案头小景"等言辞，同样说明盆景体量小型化的主张。盆景艺术随着社会发展到今天，作为新世纪的现代人，一些盆景人也包括一些资深权威习惯了守旧的思想定式、习惯了模仿思维，在历史传统和当下时尚发生矛盾时，传统的东西一旦习惯，成见甚或是偏见就自然而然地占领着脑域、左右着视线、影响着感观。因之，就容易把新时代产生的盆景艺术新思维、新观念和新突破看成是"叛经离道"。如果我们老是两眼盯着"书本教条"，两耳充塞"先师圣言"，两手死抱"老祖宗"不放，两脚不敢越雷池半步，新东西一旦出现，就拿旧的东西来作比，那就容易得出"丢掉传统"、"世风不古"的结论。可见，盆景艺术要跟上时代的脚步，盆景人的观念更新是何等的重要！

时代潮流，滚滚向前。早在三千多年前的商汤时期，我们的先人就提出："苟日新，日日新，又日新"，意思就是说每天都有新气象。盆景艺术是中华民族的传统艺术，它的发展同社会的发展，同其它艺术门类的发展一样，核心就是要与时俱进，就是要不断创新。无论是哪门艺术，只有在继承与扬弃、传统与创新中不断发展自己，才能跟上时代前进的脚步。大家知道，人类社会的发展和进步历来是通过创新实现的。我国春秋时期，百家争鸣，新思想新观念不断涌现，加速了由奴隶社会向封建社会转变的进程。欧洲文艺复兴时期，科技、哲学、艺术等领域的创新，带来了欧洲产业革命和工业文明。同理，要使盆景这门古老艺术之树长绿，永葆生机与活力，关键在创新，出路在创新，希望也在创新。躺在传统习惯上指手划脚、固步自封、墨守成规、抱残守缺都不是继承，继承是不断地扬弃。《诗经》四言，《汉乐府》五言，唐诗七言，宋词长短句，五四运动时期出现了白话文。历史发展到今天，难道我们写文章只能像诗经那样每句四个字组合？

> 皇家豪门几案上的"些子"小景点缀不了现今的摩天大厦，唐代侍女手上捧的小型盆栽装点不了当今的社区庭园和别墅花园，大清崇尚的病梅瘦竹与我们时代的大广场文化已经格格不入，单靠"树不盈尺"的中小型盆景担负起装点一个比一个阔大的旅游大观园已显身单力薄。大尺寸盆景应时代而生，是时代的呼唤、时代的选择，是与时俱进的产物。

盆景体量的增大，是对模仿思维的突破，是对守旧观念的突破，也是当代盆景艺术家们自我突破的创新活动。这种创新具有鲜明的时代特色，是时代精神的体现，也是时代的呼唤。我们现在所处的时代，是社会迅猛发展的时代，是万象更新的时代。这个时代无不以远者的"小"到当今的"大"为标志，从竹筏、木板船到万吨巨轮；从小道、马车路到六车道、八车道的高速公路；从窑洞、土垒屋、砖瓦房到框架结构的摩天大厦；从独木桥、石孔桥到横跨江河湖海的大桥、水下通道……在这个大气的时代，人们的审美情趣和审美要求势必不会静止在时代的过去。盆景艺术也毫无例外地要伴随时代弘扬主旋律，同样需要与时俱进，同样需要从理论到实践的创新。

我们的盆景艺术同仁们，不但应该读懂历史，同时也应该读懂今天、读懂未来，既要有突破前人、突破自我的勇气，也要有被后人突破的预期。更应当懂得这样一个原理：当书本落后于实践时，应当修改的是书本而不是实践；当思想不符合实际时应当转变观念而不是改变实际；不敢突破前人，不敢突破自我，是要被历史潮流淹没，最终被历史淘汰。笔者多么希望新老艺术家们都能与时俱进，更新观念，能自觉地摒弃模仿思维模式，解除习惯法的武装，将"本本"和"条条"都留在"象牙塔"内，将"有诗为证"暂放在"古董柜"里，把艺术家、艺术大师的外衣脱下留在家中，带着更少的行囊出发，到时代的大气中去，认认真真地做一回深呼吸，这或许对我们整个团队更新观念有助。但愿我们不负时代期望，创作出越来越多无愧于这个时代的作品来。这样，我们中国的盆景艺术就一定会有更加灿烂的明天。

耐翁山水盆景中的美学思想

——写在耐翁诞辰100周年之际

The Aesthetic Ideology of NaiWeng's Landscape Penjing

—— Written on the 100 Anniversary of NaiWeng's Birth

文：傅泉　Author：Fu Quan

已故盆景艺术家傅耐翁先生（1912～1998）是我国著名的老一辈盆景艺术家，原名傅继扬，号石巢。一生创作了包含植物盆景、山水盆景在内的多盆盆景，创办民间社团组织——厦门盆景花卉协会并担任第一届理事会会长，自办《闽南园艺》刊物宣传普及盆景花卉技艺，曾在国内外报刊杂志上发表专题论述百余篇，著有《盆栽技艺》和《印石辨》，穷尽一生孜孜不倦地致力于盆景协会的组织建设和盆景艺术的推广普及，为中国盆景事业的发展做出了不可磨灭的贡献。2012年8月7日适逢耐翁先生诞辰100周年纪念日，谨以此文纪念耐翁先生。

耐翁先生是第一位把盆景创作提升到"艺术"来认识的艺术家，认为过去把盆景创作称为"制作"是错误的，应改称为"创作"，应把盆景创作当成一门艺术来看待，并系统科学地总结其创作理论，介绍其创作方法，提出正确的审美是盆景创作的先导。耐翁先生认为山水盆景的创作必须达到做假成真的效果，假的山水应虽由人作宛若真迹，而且只有通过对景色的提炼和巧妙的创作技法创作出有诗画的韵味和意境的盆景才是成功之作。

作者简介

傅泉，原名傅子熊，厦门盆景花卉协会第二届理事会会长（1998～2008），主编出版《厦门盆景》一书，由全国人大副委员长叶飞题写书名；2001年5月26日主持与福建省林业厅和《花木盆景》杂志社联合召开耐翁盆景暨园林艺术研讨会；2002年1月出版《耐翁盆景艺术》影视光盘；2005年建会20周年之际，成功举办厦门——中国盆景艺术研讨会和2005厦门盆景艺术展，并主编出版《耐翁盆景艺术研究》、《厦门盆景20年》两本书以及《难忘今秋》影视光盘等。

他强调"审美是盆景艺术创作的原动力"、"审美是创新的动力"，把审美作为研究盆景技艺的中心环节，归纳性地提出植物盆景的审美标准为"势、老、大、韵"四个字，概括山水盆景的审美标准为"活、清、神、意"四个字，并用四句歌诀描述为：

青山绿水**活**如真，村舍幽**清**三两人。
巧夺天工**神**韵绝，诗情画**意**一奇珉。

四字之中"活"、"清"二字是具象的，都表现于盆景的形态，是看得见摸得着的，而"神"、"意"二字则是意象的，是看不见摸不着的。但它们是一个整体，相互依存、不可分割，共同作为山水盆景的审美判断的依据。其中"活"、"神"与"意"是主要的，近代越来越多的艺术家认识到意境的重要价值，人们进行审美判断时应有主次轻重地考虑周到，每座山水盆景自从它在作者的艺术想象里活跃着的时候开始，就是一个即将诞生的胎儿，就是一个有形有神又有意的作品耐翁先生对"活"清"、"神"、"意"四个字逐一加以阐述如下。

对于亭台楼阁、河湖舟楫、主峰次峰配峰、路桥岩洞、泉瀑溪涧各景的塑造方法，以及各类山形的概貌特征，注意事项，他都做了明确阐述。例如"邻翁清早斗棋来"盆景（见图1），主题选自《芥子园画谱》唐子畏画幅的题诗："杨柳阴浓夏日迟，村边高馆漫平池。邻翁挈盒乘清早，来决输赢昨日棋。"盆景用吸水性能好的海珊瑚塑造广西漓江中游岸上的岩溶地貌山水风光；以一座低山为主体，占了盆景的大部分空间，山虽是不高的山，却是前后纵深，高低远近分明的优美山形；绿草掩映的羊肠小路，迂回曲折贯穿其间，小桥横架山前溪流之上；满山林木葱茏，地面草绿如茵，山下石灰岩在古代被水穿成洞孔，一幅夏天的漓江岸上山水图画跃然景上；山中屋宇三两家，前后远近大小错落，晨光清明，空气清新，万籁无声，景色格外幽静；左屋邻家在半山高处，山前人家在半山低处，高处阳光较亮，低处人家未全亮，衬托出清早光景；山前

图1 "邻翁清早斗棋来"

"活"就是美学的客观真实，是我们通常所说的生动和栩栩如生，用通俗的语言说就是假的山水看起来好像真的。不论是自然景观或人文景观，都要表现各自的合理性，而且表现得越深刻越好，既不是摄影那样机械的缩影，又不是空中楼阁那样毫无根据。山水盆景的"活"应具有四方面合理性，即：地质地貌合理；人物比例、动态合理；人文景观同自然景观配合合理；景物表现主题合理。

之屋又筑在山之峆(读han,即山侧之崖,人可居之),这是古人筑屋喜择之地,也是作者精心布局,山前老者坐待,静思昨日未决之棋,山左邻翁挈盒携杖度桥而来,兴致勃勃,此外,水景之滨只有一块石,别无舟楫,更深入地表现"门无车马喧"的清静境界。这些深刻细致的布局,使景观艺术高度更加深化,使景物精神外溢。

艺术形式具有三种功能:其一是通过间隔化和距离化创造超脱的形象,激活想象,使人与现实拉开距离,产生超越于功利盘算之上的审美距离;其二是化实象为虚象,构图和造象将生命空间化、典型化,表现心中的意境;其三是由虚象引入精神飞越,越入美境,进一步由美入真。也就是说美感的养成首先要善于对物象造成距离,使自己不沾不滞,物象得以孤立绝缘,自成境界。曲径通幽的庭园、云雾中的山水、夜幕下的灯火街市都是在距离化、间隔化条件下诞生的美景。

除了外界条件下造成的"隔"之外,更重要的还是心灵内部的"空"。精神的淡泊,是艺术空灵化的基本条件。例如盆景"芥子纳须弥"(见图2)一景,仅安排了一树一石一亭一人,树以写意笔法造成三两个树冠,曲折变化极大,下半段横生与上半段竖生的树干造成一个大转折,结构超凡脱俗,自得其势,毫不勉强造作,远处有亭,近处有人,栽以立石,陪伴斜榕,在20cm的空间里构成了远近高低的图景,比例适当,使树显得异常高大,题名"芥子纳须弥"更使人感到空灵神秀、禅意浓重。盆景"芥子纳须弥"表达了耐翁超脱自我的思想境界:芥子能纳须弥,空明的觉心,能容纳万境。

"清"有三要素。一是精炼。同一个主题能以最简炼的构图突出主景,表现副景,削尽冗繁,而且景色能表现清晰、清新,富有时代感,显示提炼的功力;二是幽静。"艺术心灵的诞生,在人生忘我的一刹那",美学上称之为"静照",静观万象,万象如在镜中,光明莹洁,而各得其所,即所谓万物静观皆自得,此时才能理会自己所要反映的现实形象,所要表现的生命情感。借柳宗元《江雪》一诗来打比方,"千山鸟飞绝,万径人踪灭,孤舟蓑笠翁,独钓寒江雪",万籁无声,可是又似可闻鸟语花香,只有如同静水那样波澜不兴、略无偏执的心灵,才能悟世间种种情状,这就是写景所要达到的精炼、空灵、幽静;三是空灵。以有限空间表现无限的天地,"静故了群动,空故纳万境"(苏东坡),万境浸入人的心灵就是美感诞生的时候。

图2 "芥子纳须弥"

图3 "狮山"

"神"是景物的灵魂，潜在于形象之中。形是具象的，神是抽象的，但神亦可使人感知，它是艺术家艺术深度的表现，但有赖于观赏者的感觉能力。如言神韵，即风神气韵，诸如山有灵气、神气；如水石幽阔，峰峦清深，树木葱茏；又如盆景中的老年人表现精神矍铄，童年人则神彩秀澈，都是"神"的表现。耐翁先生认为"神"是盆景中景物高度逼真产生的神韵。

盆景的作者创作技艺达到精深的高度，景物就出神入化，作品使人一眼看去就觉得有强烈的魅力，引人入胜，令人有可赏、可游、可居之感，产生深长的遐想境界。如耐翁先生塑造厦门山水的盆景"狮山"（如图3），盆中以珊瑚石雕塑成狮山主峰，以一块较小的珊瑚石表示隔海相望的太武山。厦门人常有早起登山锻炼的习惯，盆中一老者自山脚沿山路蜿蜒拾阶而上，这里晨雾缭绕，山谷清幽，景色迷人，山间树林茂密，怪石嶙峋，登临山峰，更有处处诗文，声声鸟鸣，放眼眺望但见"遥岫层层出，轻帆片片悬"。诗云："连朝宿雾锁嶙峋，道是狮山认未真，芳草烟深迷石碣，鹧鸪日出唤行人。"峰峦起伏，千姿百态，集山水树石之灵，纳亭台寿碣之美于其中，实为人间仙境。山水盆景"狮山"构图精巧，在盆景中筑路建屋并安置登山者，形若真景，令人产生亲自登山的欲望，艺术上的神韵油然而生。

图4 "别有天地"

"意"即指意境，就是盆景所描写的生活图景和所表现的思想感情，两者融合而成的一种艺术境界，前者是作者造景前的立意，是有形的，后者是造景所要表达的主题思想，所以说意境是"情"与"景"（意象）的结晶品，借以窥见自我的最深心灵，化实景而为虚境，创形象以为象征，这就是艺术境界。

艺术的意境，因人因地因情因景有所不同。陶渊明的一首《饮酒》诗："结庐在人境，而无车马喧。问君何能尔，心远地自偏。采菊东篱下，悠然见南山。山气日夕佳，飞鸟相与还。此中有真意，欲辨已忘言。""结庐在人境"是"地远"，而"自远"是心灵内部的距离化，只有"心远地自偏"的陶渊明才能悠然见南山，并且体会到"此中有真意，欲辨已忘言"。艺术境界乃由"心远"接近到"真意"。

艺术意境不是单层次的感受，而是多层次的。耐翁先生在他创作的写意盆景"别有天地"（见图4）赏析中写道：以单独的一块英德石，天然形成一个仙境般的小天地，前面一个低不堪称山而有迂回曲折的山脉，中部林木苍郁，低处又像有小农田，稍高处有亭，可达半山，有小屋，其中有人，小屋之后可达小山峰（这是直观看见的美景）。接着又写道：其背后似有较低山地，岛屿右边，从第二个岛屿的一角架桥，有正在行近、即将来访此岛的仙人（此为传达活跃生命的第二景）。岛后海面云天开阔，远处有舟，好像有仙人出游（此为出自心灵想象的第三景）。耐翁先生说明：多年前我得这块厦门闻名的天然完美英德石，在深入探讨盆景发展史中得知，最早盆景是前人面对造园中的蓬莱仙岛仿造写生出来的，因此创作了"别有天地"。

中国山水盆景自诞生之后就不断渗透着诗的情趣、画的意境，山水盆景艺术就在诗情画意的哺育中长大。作者描写盆景的生活图景的同时就运用作者的禀赋情操与诗画修养融入于盆景之中，蕴含于作品的形体之内。盆景"别有天地"的题名出自李白的诗《山中问答》

"问余何意栖碧山，笑而不答心自闲。桃花流水窅然去，别有天地非人间。"诗中描写桃花随溪水窅然远逝的景色。一般我们会联想到"落花流水春去也"的伤感，但从诗人流露出"笑"的感情，我们能体会到这碧山之中充满着天然、宁静之美的"天地"，实非"人间"所能比！

欣赏耐翁的盆景作品，我们可以体会到无论是植物盆景还是山水盆景，无论是形与神，处处都流荡着诗情画意，寄托着老人的情感与襟怀。他的另一盆作品"听泉"（见图5）：左山之上一股流泉迂回下落，飞泻石窟，又转折下击溪旁而四溅，展现一幅生动的山泉流动形态。山洞左侧有一小屋，屋内有人静坐倾听；对山有一长者态度悠然自得，盘坐欣赏这山水和美妙的泉声；溪中别无舟楫往来有如处身于深山世外桃源万籁俱寂，唯有泉声。诗曰："仁智乐山水，老邻知此音，清泉石上韵，洗尽世人心。"可谓禅意连绵。可见，以上诸多意境因人因地因情因景的不同而有所不同，必须由人们意会之。

从远古走来的中国的盆景艺术站在了现代中国的历史转折点。西方文化艺术源源不断地输入中国，中国文化艺术遭受空前的检验。为了保留并发扬光大旧文化艺术，首先必须对我们的旧文化艺术给予新的评价，存其精华去其糟粕，同时吸收西方艺术中优秀的一面。

图5 "听泉"

德尔斐的智慧神庙上有一条箴言："认识你自己"！为了改造这世界，首先必须认识你自己。在比较中西画法时，耐翁先生了解到中国画家作画不是站在固定角度集中于一个透视的焦点，而是从高处把握全面，并有高远法、平远法和深远法等特殊的名称，形成中国山水画中"以大观小"的特点，而西洋画家作画必须从固定角度刻画空间幻景和运用透视法，并且有一套完整的体系，跟西洋画家谈"意境"和跟中国画家谈"透视原理"一样，都是行不通的！中西审美方法就有如此的不同。

在探讨盆景创作技法时，耐翁先生发现不少人提到郭熙论山水画中的"三远"理论对山水盆景并不适用。"三远法"提出"山欲高，尽出之则不高，烟霞锁其腰则高矣。水欲远，尽出之则不远，掩映断其流则远矣。烟霞锁其腰则山自高，掩映断其流则水自远"。而这里的"色清明"、"色重晦"以及"云烟"等在山水盆景中是难以表现的，显然只适用于绘画。但是这么长一段话被人一缩便成为"三远"，生搬硬套地用于盆景创作，实在使读者难以体会。如果从三远中，一一地意会，则"高远"颇有"一峰即泰岳千寻"之意，然而作山水盆景，有主峰和非主峰，高峰、低峰、大峰、小峰，大岩甚或至小石，一律追求高远，岂不误人子弟？盆景与山水画相比，毕竟是有立体与平面之别，"深远"、"平远"如应

用于盆景，那就是景的"纵深"，也就是"有远近"，增强立体感。这样似较恰切明了，不必硬套用画理。

1985年，耐翁先生在撰写《厦门盆景风格》一文时，重新探讨自己《盆栽技艺》中关于植物盆景品评欣赏依据时，将原来的"势、老、瘦、大、难、韵"改为"势、老、大、韵"，去除可能造成盆景不健康因素的"瘦"和"难"，使盆景更能体现时代精神；1988年中国盆景艺术家协会成立时，耐翁先生首先提出：艺术的生命在于创新，不断创新是中国盆景艺术家的神圣使命；1992年他在《盆景创新问题的探讨》一文中提出，审美是创新的动力，创新需要审美能力的提高，发挥自己的智慧，想出创新的技术，现代是科学时代，要靠科学创新。还明确提出盆景艺术的创新

包括：栽培方法的创新、技法的革新，艺术造型要多样化，山水盆景要打破传统的模仿国画的创作方式，以写生为主，表现名山胜水等。

遗憾的是耐翁先生后来将大部分精力用于推广普及盆景艺术和厦门盆景花卉协会的组织建设中，没有时间再作深入的探讨。但从耐翁遗留下来的盆景作品和论文中可见，耐翁为继承发扬中国盆景艺术和盆景美学思想，以及推进盆景美学从古典走向现代所做出的巨大努力。

会员作品天地

摄影：苏放 Photographer: Su Fang

柏树 高 75cm 曹志振藏品

柏树 高 110cm 毛皓铭藏品

刺柏 高 52cm 翟本建藏品

对节白蜡 高 50cm 阮阳藏品

对节白蜡 高 60cm 张光前藏品

对节白蜡 飘长 70cm 曹军藏品

附石 顾云兵藏品

对节白蜡 高 90cm 刘永辉藏品

Chinese Penjing Artists
Association Membership Collection World

黑松 飘长 80cm 陈圣藏品

胡颓子 于忠山藏品

黄山松 高 120cm 曹军藏品

黄杨 尤文辉收藏

黄杨 顾卫东藏品

火棘 高 55cm 刘春保藏品

罗汉松 高 75cm 阮阳藏品

南通雀舌 徐俊藏品

恪守天呼人应
怎求色香意浓

——"天作之合"给我的烦恼

The Sorrows of Looking for Natural Penjing Materials

色香意浓是一种艺术效果，就是同时具有形象的美丽和意境的深远。由于材料的特点，"天作之合"的艺术效果有一种盆景特有的自然意趣：有树木特有的形式感又达到了形、质、色的整体和谐和多样统一，非常养眼；且在直接表现人们对婚姻美好理想的同时，间接传达出中国人特有的"尊天顺天"的哲学思想。

文：刘永辉　Author: Liu Yonghui

作者简介
刘永辉，1959 生，武汉市人，中国盆景高级艺术师，湖北省花木盆景协会盆景分会副秘书长。
自幼爱好盆景，1990 年拜贺淦荪先生为师，愿为"让盆景步入艺术殿堂"出一份力。努力探寻中国盆景自身的艺术特质，主张传统的"生命哲学"是盆景理论的基础，树石固有的生命形质是盆景美的基本形式，人与树石共有的生命活力是盆景美的主体内容，特定的审美意象是盆景造型的最高准则，超越树石常态，追求人与树石精神上的"合一"是盆景的发展方向，用人工苗木作为创作用材是盆景可持续发展的保证。
发表《从诗情画意谈中国盆景特质》、《略谈盆景意境的表现方法》、《从师法自然谈盆景的审美取向》等论文20 余篇，其作品获得全国盆景展评的金银铜奖。

我有盆题名"天作之合"的盆景，盆龄近 20 年。20 年来，只要有朋友看到它都会前观后看，啧啧称奇，少不了说些赞美的话。我将朋友们赞美的话总结了一下，归结为 8 个字，那就是：天呼人应，色得意浓。

天呼人应是一种创作方法，就是天然的材料具有某种特点，这种特点能呈现出(呼)某种意韵，而作者以造型和题名为手段来强化(应)这种意韵。"天作之合"的材料是"山采桩"，天然地具有四个特点：一是形态：一棵大树把一个小树抱着；二是皮质：大树粗犷，小树细润；三是色泽：大树老红，小树嫩黄；四是树名：大树为春树，小树为相思。四个特点从不同角度呈现出同一个意韵：男女之间的"美妙关系"。造型让两棵树在各自的空间上彼此独立，而整体上组合为一个完整树形。题名"天作之合"让材料的意韵得以张显和升华。可见，

人为的造型和题名都是"应和"着材料的天然意韵。

我特别喜欢"天作之合",恪守着它的创作方法,花了许多的时间到处寻找、采挖、购买这种自然界特有的,有特点,有意韵,包括有典型树相,有节奏变化的树桩,仿佛只有这样,才能迎合我"顺天意而为之"的思想,才能使我的盆景达到色香意浓的效果。

然而,寻找材料的过程是惨烈的,结果是沮丧的,也让自己陷入深深的烦恼之中。

记得有一次与几位农民上山挖树桩,见他们只要看到能拿得动的树就挖,挖之前全然不管挖出来的树有没有用,挖起来后一看不好就随手丢掉。我说他们没脑子,白费力,他们却说:你们不是要根好的吗,不挖出来怎么能看清楚根好不好?他们告诉我,这山上最早是个

别城里人来挖树桩,跟着是少数外地农民来挖,后来他们知道挖出来的树桩可以卖钱,就不让外地人来挖了,他们自己挖,自己拿到城里去卖。那次他们大大小小挖了近千棵树,挑下山的也有大几百棵,可惜,我一棵也没有看上,因为这些树桩在我眼中没有任何特点,只能当成柴火。

我多次到盛产对节白蜡的京山县去买树桩。那里的农民几乎是家家挖树,人人挖树,一年有半年在挖树,山上的树坑犹如大炮炮群密集轰炸后的弹坑,对节白蜡已从原来的漫山遍野变成现在的寥若晨星。这些年来,农民都爱把挖回家的树桩裸露地放在家里以供找上门来的买主选择,不少树桩从秋天一直放到春天,活活地放到死去 ……

这种"宁可错杀一千,不可放过一个",最原始,最野蛮的挖树行为,让我

切身感受到什么是掠夺,什么是浩劫。一盆"天作之合"的成型就是千万棵树木的牺牲,堪胜"一将功成万骨枯"啊!我产生了罪恶感,产生了一种自己参与掠夺,自己推动浩劫之后的罪恶感。我曾安慰自己:我不去挖,别人也会挖,我不去买,别人也会买,但睁眼说瞎话的谎言欺骗不了自己。我开始怀疑自己是不是真的喜爱树木。我无法理解我是因为喜爱树木才喜爱盆景,现在却因盆景而对树木痛下杀手,甚至去抄它们家,绝它们后。看来,我在喜爱盆景的过程中失去了自己,我现在喜爱的只是赤裸裸的占有,以及占有后所带来的一点点虚名假利罢了!我已违背了自己的初衷,违背了自己"顺天意而为之"的思想,我在用恪守"天呼人应"的创作方法违背着一个层次更高,意义更深的天意:人与树木应该共生共荣。

怎样才能求得盆景的色香意浓呢？我曾经为此郁闷、纠结、无奈、煎熬、挣扎……

喜欢"天呼人应，色香意浓"的人很多，有好天然树材盆景的价格涨得好快，可红檵木、对节白蜡、黄山松及所有能制作盆景的树木在咱们的大好山河中消失得更快。不用太久，天然的树桩将会耗尽，我们再何处寻求色香意浓？我无法改变现状，更无法拯救即将被挖的树木，但我慢慢觉得：我可以从现在起改变自己，从现在起拯救自己——用人工苗木一样能创作出色香意浓的盆景！

巧用牺牲枝 功到自然成

——浅谈黑松桩材过渡枝的培养

Using Sacrificial Branch to Get Success

—— On Cultivation of Japanese Black Pine's Sacrificial Branch

撰文、摄影：周士峰 Author/Photographer: Zhou Shifeng

作者简介

周士峰，现为中国盆景艺术家协会第五届理事会副秘书长，中国盆景高级技师，BCI 会员，江苏省新沂市盆景协会副会长。

近几年，由于市场需求的原因，大量黑松桩头被盆景收入囊中，其中相当一部分桩头原本是棵大树而被拦腰砍断，众多盆景人拥有不同数量的这种"砍头树"。这种素材有粗度但少变化、欠过渡，有潜力但成型时长、付出多，已成玩家手中的"鸡肋"。如何将其塑造成有用之材，已成玩松人的一个难题。笔者养松数年，已摸索出一些应对之策，颇能事半功倍，于是在耕耘等待中分享了成功的喜悦和收获的快感。

牺牲枝的概念和原理

在树桩培养过程中，用于快速增粗，利于主干衔接、过渡利用的枝条，待达到理想粗度的 70% 左右时即可舍去，故称为牺牲枝。

牺牲枝可以利用二三级分枝过渡的造型要求同时培养。主要是合理利用植物顶端优势的特性、枝条的合理空间分布以达到最大的光合量以及最优化

的水肥管理，预见性的病虫防治措施，整个过程做到目的明确、主次分明、事半功倍的效果。

就黑松而言，利用植物的顶端优势，特别是松树顶端冬芽贮存大量能量的原理，养壮顶芽顶枝。进而进行合理地修剪、拔针、芽力平衡等手段，最大合理化地利用枝条的空间分布透光通风，加大黑松桩头叶的光合面积，同时进行

大水大肥的常态化管理。这样，培养的过渡枝就会快速增粗，在最短的时间内与主干自然衔接，以达到理想的粗度。在一级过渡达到理想粗度的同时，应该培养好二三级过渡并储备有利于造型的枝条。当然在培养牺牲枝的同时，各项造型、调校、枝条角度、断面处理等技术措施也应综合实施，以达到更加自然的艺术效果。

巧用牺牲枝的方法

（一）选择合适的枝条作为牺牲枝，选择的枝条必须在用于造型过渡的枝条上，位置最后在舍弃后正面看不到断面，不影响桩头干顺、枝顺的地方（见图1）。

（二）合理利用枝条分布空间，加大采光量，让内膛枝中仅可用于造型的枝条有充足的光照，以便于对作为第二步的牺牲枝以及造型枝有足够的造型储备（见图2）。

（三）增加叶量、枝量，快速形成局部的大树冠，加大水肥管理、养壮牺牲枝（见图3）。

（四）二三级合理过渡。循环利用牺牲枝（见图4）。

（五）牺牲枝培养成功范例（见图5）。

第九届厦门人居展

于 2012 年 5 月 18 日至 5 月 20 日在厦门国际会展中心举行

The 9th Xiamen City Renju Exhibition Held on

18th~20th May 2012

in Xiamen International Conference and Exhibition Center

撰文: 柯成昆 Author: Ke Chengkun
摄影: 柯博达 Photographer: Ke Boda

2012 年 5 月 18 日至 5 月 20 日由厦门市人民政府、住房和城乡建设部科技司、福建住建厅共同主办的第九届厦门人居展在厦门国际会展中心举行。本届展会以"同城化,提升海西人居品质"为主题,展览面积共 3.5 万 m²,近 10 万人次前往参观,规格和规模均超过往届。

展会开幕式上中共厦门市委常委、厦门市人民政府常务副市长林国耀致辞,住房和城乡建设部建筑节能与科技司司长陈宜明宣读住建部副部长仇保兴贺信,厦门市建设与管理局局长林德志主持开幕式并宣读福建省人民政府副省长王蒙徽贺信。

展会期间,中国盆景艺术家协会常务副会

长、厦门市盆景花卉协会会长柯成昆、中国盆景艺术家协会副会长、厦门市盆景花卉协会秘书长王礼宾等出席活动并到现场参观。本次展会集中展示境内外先进的园林园艺技术与产品，厦门市盆景花卉协会高度重视本次展会，集中展示了几十盆盆景中的精品，均是曾获过国内、国际金奖的璀璨明珠，吸引了大量盆景界知名艺术家和盆景爱好者的驻足品赏和啧啧赞叹，同时也展示了各式各样古朴典雅的仿古盆器，这些仿古石盆器经精心雕琢而成，款式经典，雕工细腻，深得众多参观者的喜爱和赞赏。厦门市盆景花卉协会在本次展会中起到了画龙点睛、锦上添花的作用，整个展区布置协调、措置有方，盆景大小错落，盆器摆放适中，给人一种走进自家院宅的温馨感，与本次人居展宗旨有异曲同工之处。厦门盆景协会的展区总是人群熙攘、热闹非凡，广受参观者的好评，得到了预期的效果，在本次展会中取得了较大的成功。同时，《厦门日报》与厦门电视台特别专题报道宣传本次厦门盆景协会在人居展的情况。

中日民间小品盆景制作技艺交流活动合影

中日民间小品盆景制作技艺交流

于 2012 年 9 月 1 日在南京古林公园举行

撰文、摄影: 胡光生
Author/Photographer: Hu Guangsheng

The China-Japan Mini Penjing Technical Communication was Held at Nanjing Gulin Park on September 1, 2012

日本小品盆栽组合成员远藤章一和鸟海笃先生向网友介绍日本小品盆栽小盆器的特点和应用情况

日本小品盆栽组合成员远藤章一先生进行真柏小品盆景制作演示

2012 年 9 月 1 日上午, 日本小品盆栽组合成员远藤章一和鸟海笃先生一行, 来到江苏省南京市拜访《盆景乐园》网站的创办人郑志林先生和小品盆景网友。网站负责人郑志林先生邀请了国内 30 多位小品盆景爱好者, 在南京市古林公园的盆景园内热情接待了两位日本民间小品盆栽方面的朋友。上午 9 点半, 两国盆景网友相聚一堂, 在网站精心组织安排下进行了非官方性的中日民间小品盆景制作技艺交流活动, 虽有语言

遠藤章一先生与盆景乐园网友蒋建华先生交流小品盆景制作心德

盆景乐园网友展示制作技艺

盆景乐园网友展示制作技艺

障碍,但在盆景制作技艺交流互动中,一个手势,一个动作,就能心灵神会,领悟对方的意图和思想。在这里,盆景艺术没有国界。

在小品盆景制作技艺交流活动中,远藤章一先生进行了两棵真柏小品盆景的制作演示,他在制作时说:"小品盆景在选材制作时首先要根据素材自身特点和作者的爱好取势,对于与枝的取舍在日本小品盆栽中的个性差异也是很大的,制作小品关键点是提升树的自然属性。小品,以小见大,小树要有大胸怀,才能达到制作的审美之要求。"远藤先生制作小品也颇具自己的个性,非常讲究枝、干的比列和不同观赏面的关系。《盆景乐园》两位网友也展示了精彩的制作技艺。本次活动不仅从制作技术方面让大家获得了提升,同时也促进了中日民间盆景艺术的发展与友谊。

盆景爱好者颇有兴趣地研究远藤章一先生制作的真柏小品盆景

日本的小品盆栽制作工具

韩、日盆景大师访问浙江等地盆景园

Korean and Japanese Bonsai Artists
Visited Penjing Gardens in Zhejiang

摄影: 铃木浩之 Photographer: Suzuki Hiroyuki

中日韩盆景大师合影

耕园一角

遂苑盆器展馆

逸趣园一角

小林国雄、金锡柱、杨贵生对一棵黑松盆景的制作进行探讨

　　2012 年 8 月 19 日至 21 日, 韩国小品盆栽协会理事长金世元、韩国著名盆栽制作家金锡柱、日本著名盆栽大师小林国雄等一行人, 在中国盆景艺术家协会副会长杨贵生、申洪良等人的陪同下, 先后来到位于浙江省海宁市的逸趣园、耕园以及苏州遂苑进行了参观访问。

　　在邱建良先生的逸趣园和章辉先生的耕园, 韩、日盆景大师对园内建设布局和盆景制作进行了交流。在苏州遂苑, 园主杨贵生先生带领大家参观了他的盆器个人收藏, 馆内陈列着 300 余件这五年间陆续求购回来的流失于日本的中国珍贵盆器。

参观遂苑奇石藏品

遂苑主人杨贵生与小林国雄合影

20日，杨贵生向大家展示了遂苑的盆景，期间，中、日、韩三国盆景大师对园内盆景在设计与制作方面进行了技术交流与探讨，随后大家又参观了遂苑的奇石藏品。

21日，小林国雄等一行人参观了申洪良先生位于上海新落成的盆器陈列馆，这里收藏着申洪良先生历经30余年从日本、新加坡、中国香港及台湾等地搜集来的600余件珍贵盆器。

随着盆景产业逐渐向着国际化、多元化方向发展，各国间的盆景交流互访活动也日益频繁，语言和文化差异的障碍在艺术无国界这条真理面前早已显得微不足道。正如遂苑古盆展馆中的一幅书法作品所述："小憩所藏中国盆器虽属沧海之一粟，仍不失为吾人生一大乐事也。今陈列于遂苑意欲抛砖引玉与海内外同仁共赏互勉。"

小林国雄与申洪良探讨盆器

申洪良的盆器陈列馆一角

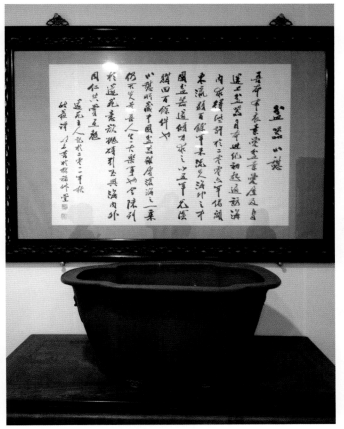

遂苑盆器展馆中的书法作品——《盆器小憩》

紫砂古盆铭器鉴赏
Red Porcelain

文：申洪良 Author: Shen Hongliang

Ancient Pot Appreciation

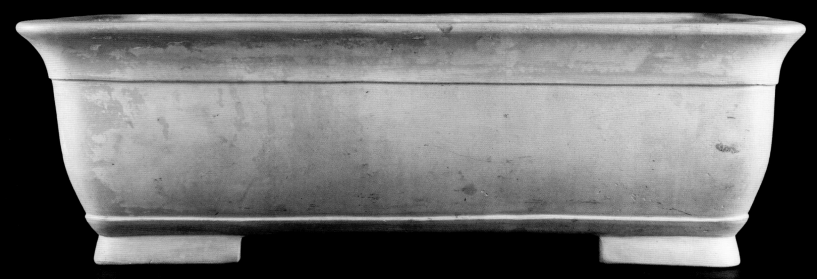

明末白泥上下带线长方飘口盆 长 68.5cm 宽 40.5cm 高 23cm 申洪良藏品
Late Ming Dynasty White-clay Rectangular Wide-mouth Pot. Length: 68.5cm, Width: 40.5cm, Height: 23cm. Collector: Shen Hongliang

明末白泥上下带线长方飘口盆

盆的做工极好，平整，泥色亮。成型方式和明末红泥（大红袍）的一致，胎骨同为桃花泥，表面涂白泥装饰。

白泥的色彩及质感和以后的泥料有明显差异。长方洞，大摸脚，线条方中带圆，曲线流畅而稳重。

由于时代久远，表面白泥也有局部风化现象。

此盆是目前已知明末白泥紫砂器中所见最大的。

CHINA SCHOLAR'S ROCKS
赏石中国

本年度本栏目协办人：李正银，魏积泉

"龟岛" 大化彩玉石 长145cm 高56cm 宽130cm 李正银藏品
"Tortoise Island". Macrofossil. Length: 145cm, Height: 56cm, Width: 130cm. Collector: Li Zhengyin

"卧虎山" 九龙壁 长 93cm 高 45cm 宽 23cm 魏积泉藏品
"Tiger Mountain". Nine Dragon Jude. Length: 93cm, Height: 45cm, Width: 23cm. Collector: Wei Jiquan

"秋韵" 三江水彩玉 长 73cm 高 105cm 宽 50cm 李正银藏品
"Charming Autumn". Sanjiang Colorful Jude. Length: 73cm, Height: 105cm, Width: 50cm. Collector: Li Zhengyin

赏石文化的渊流、传承与内涵（连载四）

文：文牲　Author: Wen Shen

On the History, Heritage and Connotation of Scholar's Rocks (Serial Ⅳ)

四、两宋时期的赏石文化（960～1279 年）

公元 960 年，宋太祖赵匡胤取后周而代之建立北宋，建都开封，改名东京。1127 年，金军掳去徽、钦二帝，北宋灭亡。宋高宗赵构逃往江南，后定都杭州改名临安，史称南宋。1279 年，南宋亡于元。

两宋的国土与军事

北宋的国家版图，早已不能与盛唐同日而语。东北的契丹族建立辽国，取得北宋幽州城（今北京）后，改名南京，又称燕京。以幽、燕地区为基地，势力深入华北平原。辽末，东北女真族建立金国，灭北宋和辽国后，将南宋压至长江以南，国土日益缩小。与此同时，西北党项族建西夏，尚有吐蕃、回鹘、黑汗、蒙古、大理等部各居一方。大宋王朝实际上只是偏安一隅。

鉴于晚唐军阀拥兵自重、末大不掉的祸患，开国之初，宋太祖"杯酒释兵权"，开国元勋回乡养老。从中央到地方的高官都由文官担任。各军队的高级指挥机构，都派有文官"监军"。文官的地位和俸禄都高于武官，同级别武官路遇文官，要回避或拜见。朝廷重大事情都由皇帝与文官决策，文官执政是宋代政治的一大特色。

两宋的文化演变

近代史学大师陈寅恪先生说："华夏民族之文化历数千载之演进，造极于赵宋之世。"在中华民族数千年文化史中，两宋尤为突出，中唐至北宋，也是中国文化的重要转折点。

（一）与汉唐时代的开疆拓土、雄魂大气相比，两宋偏安一隅的状态，使士人眼中疆土世界变小，文化的眼界却有极大的转变，对儒、释、道及其它各种文化艺术的研究，更加精微细腻、纵深悠远。

（二）宋太祖鉴于晚唐乱杀、杖笞朝官的教训，圣谕不得杀戮朝官，甚至不得加刑文官。北宋赵彦卫说："本朝待士大夫有礼，自开国以来，未尝妄辱一人。"宋代虽然朝政宽松，但是"党祸"却很残酷。贬官边远如服流刑，令士子生畏。由是白居易"中隐"思想受到推崇，私家园林愈加兴盛，只是更加精巧，选石也更加多变。

（三）文官当政，是宋代始终积弱而无著名战将的重要原因，但也是文化大繁荣的重要因素。这种文化的极致到宋徽宗赵佶时达到顶峰，文风更加清新、精致、小巧、空灵、婉约。影响到诗歌、绘画、园林等各个方面，赏石文化自然也在其中。

宋徽宗与艮岳

宋徽宗赵佶（1101-1125年）是中国历代帝王中，艺术素养最高的皇帝，也是中国历史上最大的奇石藏家。他主持建造的"艮岳"，是古今最具规模的奇石集大成者。

政和七年（1117年），赵佶命户部侍郎孟揆，于上清宝箓宫之东筑山，号曰万岁山，因其在宫城东北，据"艮"位，即成更名为"艮岳"。宣和四年（1122年）完工，因园门匾额题名"华阳"，故又名"华阳宫"。

"艮岳"甫成，赵佶亲自撰写《艮岳记》，以颂盛景：万岁山以太湖石、灵璧石为主，均按图样精选："石皆激怒抵触，若踶若啮，牙角口鼻，首尾爪距，千态万状，殚奇尽怪。……雄拔峭峙，巧夺天工。"御道"左右大石皆林立，仅百余株，以'神运'、'敷文'、'万寿'峰而名之。独'神运峰'广百围，高六仞，锡爵'盘固侯'，居道之中，束石为亭以庇之，高五十尺。……其余石，或若群臣入侍帷幄，正容凛若不可犯，或战栗若敬天威，或奋然而趋，又若伛偻趋进，其怪状余态，娱人者多矣。"

《古木怪石图》 苏轼

《祥龙石图》 赵佶

祖秀《华阳宫记》记载赵佶赐名刻于石者百余方。料综合各种史料，"艮岳"的叠山、置石、立峰实难数计，类别用途各有所司，而形态也是千奇百怪。

《癸辛杂识》说："前世叠石为山，末见显著者，至宣和，艮岳始兴大役。连舻辇致，不遗余力。其大峰特秀者，不特封侯，或赐金带，且各图为谱。"帝王对奇石造园如此重视，使"艮岳"成为当时规模最大、水平最高的石园，对宋代以及后世的赏石和园林艺术的发展，都有很大的启发和影响。

苏轼与赏石

苏轼（1037-1101年）是北宋文坛的一代宗师，兼有唐人之豪放、宋人之睿智，展现出幽默诙谐的个性、洒脱飘逸的风节、笑对人世沧桑的旷达，是中国士人的极致。苏轼阅石无数、藏石甚丰，留下众多赏石抒怀的诗文，对宋代以及后世赏石文化的发展启示良多。

《古木怪石图》

北宋元丰五年（1082年），米芾赴黄州雪堂拜谒苏轼，米芾在《画史》中记叙了这次会面的情景："子瞻（苏轼字）作枯木，枝干虬曲无端，石皴硬亦怪怪奇奇无端，如其胸中盘郁也。"苏轼的《古木怪石图》现藏日本，是极为珍贵的北宋赏石形象资料，其中蕴藏着多种内涵

（一）苏轼曾言："石文而丑"，怪丑之石有其独特的赏石审美取向，《古木怪石图》引领文人独特的审美情趣。

（二）元丰五年，46岁的苏轼遭诬陷贬黄州已是第三个年头借"怪怪奇奇"之石抒"胸中盘郁"，以石抒怀是苏轼习常的方法。

（三）开写意赏石之先河。

《怪石供》

同年，苏轼贬于黄州，常往江畔赤壁游览，赤壁之下多有细巧多样的卵石，苏轼《怪石供》中说："今齐安江（长江支流）上，往往得美石，与玉无辨，多红黄白色，其文如人指上螺，精明可爱……齐安小儿浴于江，时有得之者。戏以饼易之，即久，得二百九十有八枚，大者兼寸，小者如枣、栗、菱。其一如虎豹，首有口鼻眼处，以为群石之长，又得古铜盆一枚，以盛石，挹水注之粲然。而庐山归宗佛印禅师，适有使至，遂以为供。……皆得以净水注石为供，盖自苏子瞻始。"《怪石供》中多有赏石心得。

（一）赏石形、质、色、纹等方面具备。形，《怪石供》中说："凡物之丑好，生于相形，吾末知其果安在也。使世间石皆君此，则今之凡石复为怪。"美丑怪奇之石皆有其形。色，红黄白色丰富多彩。质，与玉无辨晶莹剔透。纹，如指纹多变精明可爱。

（二）以古盆挹水养石，应为东坡首创。

（三）以净水注石为佛供，清净与佛理相通，盖自苏子瞻始。

《灵璧张氏园亭记》

元丰八年（1085 年），苏轼离黄州北上过灵璧，访"张园"，观看称为"小蓬莱"的奇美之石，有感而发："古之君子，不必仕，不必不仕。必仕则忘其身，必不仕则忘其君。……使其子孙开门而出仕，则跬步市朝之上，闭门而归隐，则

俯仰山林之下。予以养生活性，行义求志，无适而不可。"

宋代"仕"与"隐"，构成文人士大夫的双重人格。中唐以来的"中隐"思想，和"隐于园"的特定环境，已普遍为士人所认同。苏轼的《灵璧张氏园亭记》，将士大夫进而身居庙堂，退而置于山石林泉的"仕隐归一"的境界，发挥得淋漓尽至，推"中隐"更进一步。

宋代赏石文化的特点与贡献

两宋承袭了南唐文化，文房清玩成为文人珍藏必备之物，鉴赏之风臻于极盛，苏轼、米芾等文人均精于此道，发展成专门学问。与此同时，中国汉唐以来席地而坐的习俗逐渐被垂足而坐所代替，两宋几、架、桌、案升高而制式成形。这些都为赏石登堂入室创造条件。

（一）小型赏石的兴盛

宋代赏石大、中、小型具备。小型赏石不但脱离了山林，也脱离了园林，成为独立的欣赏对象。小形赏石已经有了底座，可以置于几架之上，欣赏情趣也有了很大变化。苏轼《文登蓬莱阁下》说："我持此石归，袖中有东海。"袖中藏石其小可知。宋孔传《云林石谱．序》中说："虽擅一拳之多，而能蕴千岩之秀。大可列于园馆，小或置于几案。"拳石亦为可观。南宋赵希鹄《洞天清录集》说："怪石小而起峰，多有岩岫耸秀嵌嵌峰岭之

状，可登几案观玩，亦奇物也。"几案赏石要求更高。宋李弥逊《五石》序云："舟行宿泗间，有持小石售于市，取而视之，其大可置掌握。"掌中小石的兴盛，促进赏石市场的交易。

（二）宋代赏玩石种

宋代赏石品种主要是太湖、灵璧和英石，其它石种不占重要地位。杜绾《云林石谱》说太湖石"鲜有小巧可置几案者"。大型灵璧石比较常见，也有置于几案之上的小石。刘才邵《灵璧石》诗："问君付从得坚质，数尺嵌嵌心赏足。"英石一般体量不大，《云林石谱》说：英石"高尺余或大或小各有可观。"英石应该是文房中的主要石种。

（三）石屏、研山、山子的应用

苏轼《欧阳少师令赋所蓄石屏》"何人遗公石屏风，上有水墨希微踪。"苏辙《欧阳公所蓄石屏》"石中枯木双扶疏，粲然脉理通肌肤。剖开右右两相属，细看不见毫发殊。"宋代的石屏也是赏石的一种，择其平面纹理有若自然山水画境，以木镶边制座而成，用材多为大理石。石屏小而置于几案之上、笔研之间称为研屏。南宋赵希鹄《洞天清录集·研屏辨》说："古无研屏。或铭研，多镌于研之底与侧。自东坡山谷始作研屏即勒铭于研，又刻于屏，以表而出之。"研屏自苏轼、黄庭坚始。

研山自南唐李煜始。南唐遗物尽

入宋,其中两方有名的"海岳庵"和"宝晋斋"为米芾所得,其展转传承为古今奇闻。研山又称"笔格"、"笔架",是架笔的文房用品,制做精巧的研山,也属文房清玩的范畴。另有一种欣赏把玩的"山子",也开始出现。

(四)《云林石谱》

杜绾的《云林石谱》,是中国最早、最全、最有价值的石谱,其中涉及各种名石116种,对各种石头的形、质、色、纹、音、硬度等方面,都有详细的表述。这部奇石学巨著,是宋人对中国赏石文化的贡献,对后世影响巨大而深远。

(五)瘦、皱、漏、透四字相石法

四字相石法为米芾结合画理而创,各种文献有不同表述。宋《渔阳公石谱》称:秀、瘦、皱、透。明代《海岳志林》为:瘦、秀、皱、透。清代郑板桥题画记说:瘦、皱、漏、透。其它说法很多,而板桥说流传最广。各种说法共同交汇处,是瘦、透、皱三字。瘦为风骨、透表通灵、皱显苍古,都是中华文化意境的精粹,也是天人合一的诠释,对赏石、鉴石影响至今不衰。

醉道士 苏轼题诗曰:"云山固多猿,青者黠而寿。化为狂道士,山谷姿腾蹂。"

宋代赏石文化的传承

宋代传承了中唐的园林赏石而更精致,传承南唐的文房而形成文房清玩门类。佛教衍生出完全汉化的禅宗,它的"梵我合一"与老庄的"崇尚自然",使士大夫心中的自然之境与禅境融合一体,更加重视形外之神、境外之意。宋郭熙《林泉高致》论远景、中景、近景之说,近景中的高远、深远、平远之分,更加丰富了景观石欣赏的内涵。五代、北宋的山水画在崇山峻岭、溪涧茂林中常有茅舍、高隐其间,反映出士子的理想境界。南宋平远景致,简练的画面偏于一角,留出大片空白,使人在那水天辽阔的空虚中,发无限幽思之想。这理文化的交融与内敛,却使赏石文化的意境更加旷远,给后世赏石以更多滋养。

【连载四,未完待续】

蒹葭苍苍

Reeds Grow Green

文：王晓滨 Author: Wang Xiaobin

三年前，第一次上南山泉水山庄探访好友罗焱的山中寓所，遇见此石。其大小恰好手掌盈盈把握，石肤细腻，品相优美，惹人喜爱。置于掌上观之，只觉芦苇苒苒，水波洄绕，人影迷离。焱子见我心生喜欢，立时就将其送我了。并笑言：我5元钱淘来的呢！

2010年重庆万石博览会期间，我将此石置于上衣袋中，博览会紧张的组织策划工作之余，偶尔摸出把玩，仿效名家高人之雅赏。被一企业家朋友撞见，一定要我割爱，愿以万元人民币换走此石。我只好对他言明，石乃蒙友情馈赠，以为切不可将其换成金钱。云云。石有石缘，人有人缘。该友今年中光临寒舍，另选走一石，却仍谈及此石"友情馈赠谢绝买卖"之故事，道其为"趣谈"。

前年以来，因为作课程的原因，就《诗经》里描绘的风物写过几组随笔。但却一直不敢轻易触碰这人们最谙熟的苍苍"蒹葭"。

芦苇，《诗经》中被称为"蒹葭"的植物，在那山野河滩肆意地展示着另一种生命状态的芳华。每当又是秋风萧萧芦花飘雪，亦不知有多少文人骚客痴情儿女，会沉醉于蒹葭芦荻的"惊鸿一瞥"，不知所以。

拂晓之时，芦花泛白，清露为霜，苇丛起伏，秋水洄漾。

"蒹葭苍苍，白露为霜"的场景里，"所谓伊人，在水一方。"这种安静等待中的美好祈愿，已在中国文学中留存了几千年。初唐的王维咏道："天寒蒹葭渚，日露云梦林"；王昌龄叹："山长不见秋城色，日暮蒹葭空水云"；白居易亦诗云："顾此稍依依，是君旧游处。苍茫蒹葭水，中有浔阳路。"也许就因此始，我们才得以欣赏到《琵琶行》中"浔阳江头夜送客，枫叶荻花秋瑟瑟"，被贬而满怀郁愤的江州司马，为琵琶女留下"同是天涯沦落人，相逢何必曾相识"的绝唱了。

韩愈作歌："人随鸿雁少，江共蒹葭远"；苏轼亦有词："露寒烟冷蒹葭老，天外征鸿寥唳"——古老的青绿色背景中的期许，让人们虔诚地踏着白露而来，引颈而望，后来的人们总会青青绿绿地、或记忆泛白地慰藉内心深藏的孤寂，总会以无限遐想的方式"溯洄从之，溯游从之"，在逐渐飘零的风色和苍茫一片的灵犀之上。

记得明代谢榛的《四溟诗话》有这样的评论："凡作诗不宜逼真，如朝行远望，青山佳色，隐然可爱。其烟霞变幻难于名状，及登临非复奇观，唯片石数树而已。远近所见不同。妙在含糊，方见作手。"那含糊的妙处，就如同现在大家热衷赏玩的长江画面石，梦笔晕染的淡彩墨影，正是古老的东方文化，在青山佳色中的那种隐然的含蓄和怡远的空灵。

写下这篇小文的我，当夜有梦，梦里亦没有"伊人"，如同这枚小石一般，只写满了无边无际的苍苍芦苇和婉转秋水。

自然美与艺术美的结合 ——咏石画

Stones' Beauty in Paintings

文：雷敬敷 Author: Lei Jingfu

刘君昌沛，吾友也，温文儒雅。却忙里偷闲,寄情于奇石雅兴之中流连忘返。

昌沛君好书法，书习隶简，尤崇汉代河西简牍，取汉简之精髓，兼采《汉张迁传》书体阳刚之势，清扬州八怪之一金农用笔的朴厚高古之意，近代隶书大家依秉缓飘逸之神韵，竟自成一格。又好丹青。山水习石涛，人物花鸟则博采众长，不拘技巧，重在意境，得人文画真谛。有了书画功底，有了人文素养，自然能识一般人之未所识，悟一般人之未能悟。河滩寻觅也好，地摊"捡漏"也好，重金求购也好，总有独到眼光。日积月累，长江画面石精品上千枚，尽入囊中，成就了颇具规模的长江奇石会所。

纵览会所，以石为主、还有诗、有画。以石寄情，以石喻志，石书诗画，相得益彰。而其中最值得称道的是以长江画面石为素材的诗书画合璧的咏石画，昌沛曾说"读石有三喜"：一喜赏石，二喜咏石，三喜画石。这种对"石、书、诗、画"的喜好，正是作者在咏石画艺术创作中的原动力。

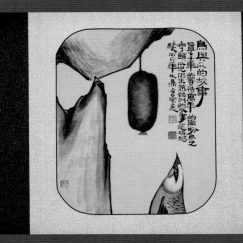

"鸟与瓜的故事" 长江石 长 17cm 高 19cm 宽 5cm 刘昌沛藏品　　"鸟与瓜的故事" 咏石画

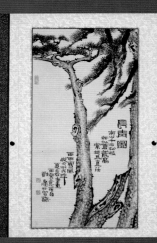

"长青" 长江石 长 13cm 高 21cm 宽 9cm 刘昌沛藏品　　"长青图" 咏石画　　"海上升明月" 长江石 长 16cm 高 18cm 宽 8cm 刘昌沛藏品

石画面原来的布局，只是对"鸟"与"瓜"略加渲染，似乎没有什么独特之处。然而，当你读完画作上的题咏"已是千年的等待，万年的期盼。鸟儿白了头，瓜儿仍未熟。她们的故事，还将继续"时，你会在心中莞尔一笑。作者巧妙的将看似不相干的"鸟"与"瓜"联系在一起，并以卵石的亘古演绎成了一个永远说不完的故事，你不得不叹服作者的机智与幽默。

清人郑板桥谈自己画竹的体会时说"其实胸中竹，并不是眼中之竹也，"待落墨时，"手中之竹已不是胸中之竹，"道出了艺术创作中艺术源于生活，艺术

"桃林花发细雨中" 长江石 长 11cm 高 13cm 宽 6cm 刘昌沛藏品

高于生活的普遍规律。咏石画"长青图"所借鉴的卵石画面上的松树，似暮色中远眺的剪影，给人以沧桑感。但作者在作此石画时，却反其道而用之，以明快的色调，清晰的笔触，表现出晴天朗日下松树"挺且直"的风采，寄寓的却是"高洁"的人生理想。作者将此画题为"长青图"，个中自有深意。

艺术美，美在情感。以情动人是艺术作品特有的魅力。咏石画 "月出归帆图"的创作原型，取之于一枚圆形卵石的画面：岸边的岩石映衬着滔滔大海，茫茫夜色中，一轮明月冉冉升起。作者由月圆联想到团圆，由团圆联想到游子归来。遂以"月出归帆图"命题。在画作中，作者突现了卵石画面上似有若无的归舟，而岸边点缀的家园房舍，则烘托出"家"的氛围，表达了作者"天上明月夜，阖家团圆时"的美好情感寄托，给人以强烈的艺术感受。

艺术创作离不开想象。艺术创作可以展开想象的翅膀，在自己营造的形象世界里自由飞翔。咏石画"桃林花发细雨中"所借鉴的卵石画面本来比较平淡：浅灰色的背景下有两簇淡红色的树枝状纹彩，如此而已。可是作者却从这平

淡之中,通过想象,"看"到了桃花细雨，流水落红，牵牛牧童。于是，一幅"桃林花发细雨中，溪水小涨有落红。牛儿恋草不归去，时听牧童声吆喝"的诗中有画、画中有诗的乡村早春即景，便跃然于纸上。

咏石画是一种将自然美与艺术美结合的审美创造，它既深化了长江画面石赏析的内涵，又拓展了赏析的外延。当我们对照画面石欣赏咏石画时，带给我们的是一种由形式美为主的自然美过渡到形式美与内容美完美结合的艺术美的独特的审美愉悦。作为一位业余的书画爱好者，昌沛君之所为，难能可贵。我相信，假以时日，昌沛君的咏石画当更臻完美。

"月出归帆图" 咏石画

"桃林花发细雨中" 咏石画

读石漫议

View Stone Appreciation

文：路建荣　Author: Lu Jianrong

当今集藏奇石日益空前，爱石者已从采集、收藏进入鉴赏的玩石过程中。著名的文物收藏鉴赏家王世襄曾说："玩家的境界应该是把大俗的东西玩成大雅。"而读石就是把石头当作一本书去阅读、去鉴赏，把玩石玩成大雅的途径和方法。

形象地说，"读石"就是人与石的对话。这种对话过程是复杂、深层、多边性的，包括赏石者与自然之间、奇石和赏石者之间的交流切磋。这种对话的目的是"发现"。这种发现是只有你面对它（石头）时，投入你的观念、情感（审美），才能体会到它所表现的内涵。这是最大限度地接触世界，在吐纳、交流中不断地鉴别真伪表象，判断真、善、美的过程。以读石来赏其韵，明了奇石物象特征与人文精神特征的对应关系，感悟人与石、人与自然的深层交融。

"小猫跳绳"　长江石　长 8cm　高 10cm　宽 5cm　路建荣藏品
小猫毛绒绒的由白石英构成，黑色的基岩上有一细细的石英孤线连接小猫，似跳绳状

"海上日出" 长江石 长 18.5cm 高 22cm 宽 9cm 路建荣藏品
海平线上，太阳冉冉升起，有光影衬托，景深感强，太阳与地平线、海平面有对应和呼应关系，显得朝气蓬勃。

"土地公公" 长江石 长 8cm 高 11cm 宽 4.5cm 路建荣藏品
一幅水墨画，图中人物形象矮胖，衣饰从古，有传说中土地爷之神态。

　　读石的意义正如云南潘长旭先生所云："观赏石所具有的'双属性'（即自然属性、人文属性）是从野石"质变"为天人合一艺术品的重要标志，自从人在石的称谓前配置了定语'奇'或'观赏'字始，这石实际上已发生了质的变化。这种变化的特征不在其表面，而在其内在，在于人通过的石之形为'读物'在艺术层面上的创造性劳动所赋予的深邃的内涵。"

　　读石是因人们对奇石、对自然的爱，具体表现在对奇石、对自然产生的敬畏和尊重。历史上米芾拜石便是典范：据说米芾对奇石的酷爱已达到痴狂之态，有一巨石奇丑，米芾见之跪拜，并称之为"兄长"，这一恋石情结成为古往今来的美谈。

　　人们赋予了奇石的文化价值，使之成为表达现代人类社会的思想情操和返璞归真、回归自然诉求的一种载体。这些只能靠读石者去感悟，在读石这一鉴赏过程中去加深人们对大自然神奇的深刻认识，提升对奇石无限美好的感受和理解，把对于奇石自然美的热爱转变为一种审美冲动，确立人类对自然永恒的依存关系，更加激发人类崇尚自然，热爱生活。

　　读石、赏石的基本功能就是精神功能，是发现和营造"精神场所"，有参乃悟，有感而发。在读石的过程中，人们会从奇石所产生的人文价值中得到满足，以奇石的天然度、完整度、成熟度和珍稀度等鉴赏尺度来品味自己所观察到的每一方奇石，有时候就会像品酒、品茗一样从中得到愉悦感和满足感。这种精神收获颇丰，不仅使人们从精神层面上享受和体味"问道乾坤溯太古，静听石语过三更"；还能看到几乎自然界所能观察到的物象，都可以在奇石中得到

"猫与竹" 长江石 长 16cm 高 20cm 宽 10cm 路建荣藏品
一只猫在竹叶庇荫下，有宁静之感。

"风景这边独好" 长江石 长 18cm 高 18cm 宽 8cm 路建荣藏品
山林、水泊、太阳，风和日丽，风景如画，此石构图饱满，耐看。

印证，真可谓包罗万象，以小见大，"一石尽览人间趣，斗室能藏世外天"，使人们从知识层面感知奇石的多样性，去认知大自然的神奇和大千世界之奥妙，品味"石无定格"之面面观。

在读石和赏石的过程中要讲师法自然的原则，所读所赏之石应是自然石，要不事雕琢，审美要追求意境美。所谓的大美之石应建立在形似、具象的基础上，而图像模糊不清、意境模棱两可、主题不鲜明，则难入美石之列。反之，越具象逼真则是难得的好石头（云波摩尔石除外）。正如战国思想家荀子所云："形具而神生"，南朝画家范稹所说："形存则神存，形谢则神灭"。意境美和神韵是有基础的，不是凭空而来的。

读石者在读石过程中应顺其自然，实"石"求是地从广视角、多角度、辩证地看待每一件奇石作品，可以任思絮飞扬，但要避免不切实际地拔高造势，要集思广益，依从大众视觉，不要去钻牛角尖或想当然。读石应重鉴赏，重怡情养性陶冶情操，而非利欲熏心片面追求价值几何。

读石者会在日积月累的读石过程中，不知不觉地提高自己的修养和品位，包括审美、艺术、鉴赏等方面；会在读石的过程中了解人文历史、地理、矿物与岩石；会在读石的社会交往中，增进人与人、人与社会、人与自然的交融与互补，使读石者人格日趋完善和成熟。

我们常说"美"是艺术追求的最高境界，而读石、赏石则是追求石之自然之美的最高境界。老庄曰："朴素天下莫能与之争美"，正是倡导崇尚自然美，讲究道法自然的自然情趣。古代以石头创造了工具，工具促进了社会发展至今，促进了人类的进步，所以"养石清心"为人称道，以石励志也不乏其人，苏东坡晚年在定州得"雪浪石"，并将书斋定

名为"雪浪斋"，还赋诗两首以表达情感；百岁书法家苏局仙在其《水石居》题曰："致石案头坚晚节，心如清水敢盟天"。大书法家启功先生也将自己的斋室命为"坚净居"并文曰："一拳之石取其坚，一勺之水取其净。"他们读石赏石是收藏自己的品格和文化，彰显人格魅力。试想没有养济万物的心胸，没有深厚的国学艺术修养是不能从石头这无字天书中获取营养终其一生的。

为什么在高度发达的当今社会，会有越来越多的人喜欢上了奇石，加入到收藏奇石的队伍中来呢？你会在读石的过程得到解答，你会在读石的过程中得到"天人合一"的快乐，得到自然和谐之统一。人文精神说到底就是自然精神，读石就是要让你恢复人的天真。

天地一沙鸥

文：罗焱

记得那年在青岛，与朋友一起等待日落。太阳落下后本该是黄昏了，天光却异常地亮了起来，仿佛天边拉起了一幅巨大无朋的天幕，海涛是配乐，礁石为坐席，谁也不知道会上演什么样的剧情。

大家都被这突如其来的明亮给镇住了。置身于天穹旷野的无力感，让我们的身心无法动弹，只好静静地、静静地，等待下一秒时间的到来。

这时，两只海鸥，一前一后、一高一低地追逐着，从最远的礁石后面向海面飞去。初起飞时，它们不约而同地飞出了一道不太流畅的弧线，犹如一对悄悄约会的小情侣，被人撞见后，羞红双颊地匆忙丢开牵着的小手，各自闪开。不过，在很短暂的犹豫与思索后，两只海鸥便迅速调整出最默契的姿态，啊啊叫着，向彼此靠近轻轻一碰额头，上上下下地盘旋在了一起。

天光一丝丝暗了下去。两只海鸥的影像慢慢模糊成了剪影，合鸣也消失成若有若无的回声。而这个画面，却一直影印在了我的脑海中。

那年以后，见过无数次海，见过无数次海鸥追逐盘旋，却怎么也无法重现当年那份令人屏息的意境之美。于是我开始懂得，很多时候，刹那的记忆，已是永恒。

秋水长天

文：肖名芃

千古名句"秋水共长天一色"的意境，竟然在这石上呈现。这不是"金秋"，没有缤纷成熟的喧闹；也不是"悲秋"，没有萧瑟冷清的凄凉，这是一种内敛的稳重与淡泊，凝神于石，在淡云清风，水阔天空之间，任思绪在长天漫舞，任心灵与秋水交融……

"水天一色"赏析

文：春媚

碧水蓝天，鹭鸥点点，好一幅生动的云水篇！面对如此美景，岂可不挥毫几笔，诗兴一番！可叹我笔下这些正为满足于物质愿望而忙碌生计之鹭鸥们，定然笑我此刻竟有闲情执着于精神上的追求……

《临江仙·云水赋》

漠漠淡云出海，迟迟白日依山，流霞色褪暮秋寒。遥峰临水碧，近水渡天蓝。

浪尽双鸥猎水，涛息群鹭寻滩。鹭鸥忙煞我独闲。诗歌当此兴，赋此《水云篇》！

"水天一色" 长江石 长 16cm 高 13cm 宽 7cm 雨田润石藏品

"礼仪之邦" 长江石 长 27cm 高 17cm 宽 12cm 杨再刚藏品
"formal state". Changjiang Stone. Length: 27cm, Height: 17cm, Width: 12cm. Collector: Yang Zaigang

冷市俏走显端倪
——从长江画面石行情看观赏石市场

Being Popular in Weak Market
–The Market Trend of View Stones Through Changjiang Stones

文：赤 桦 Author: Chi Hua

今年，笔者在成都温江石市，多次听见店主们发自内心的两种截然不同的声音：

有的店主说，今年的生意不好做，我今年的销售额还不及08 年金融危机时的十分之一。有的店主说，我今年的生意比以往哪年都好，可以说是从事观赏石经营以来最棒的一年!

据了解，该市场继去年 6 月杨先生以长江画面石为主打，30多枚石头一次成交创下 86 万的最高记录以来，今年整个市场最为走俏的，也几乎全是长江画面石。

"春江水暖" 长江石 长 38cm 高 23cm 宽 13cm 朱金华藏品
"Spring is coming". Changjiang Stone. Length: 38cm,
Height: 23cm, Width: 13cm. Collector: Zhu Jinhua

"哺育" 长江石 长 26cm 高 22cm 宽 8cm
"Feeding". Changjiang Stone. Length: 26cm, Height: 22cm, Width: 8cm.

当然,凡从事有品味的长江画面石经营的商家,自然属后一种现象了。

究其原因,据说如今的观赏石收藏家、玩家,随着赏石水平和审美眼光的不断提高,大多终于懂得——玩石头就是玩文化,艺术品就得讲究文化内涵的道理。都不知不觉地将目光从过去单一的注重个头、色彩、质地、怪异,转向追求能够与书画艺术、传统文化紧密相连的纯天然艺术品收藏投资上来。

因此,仅管今年全国再次遭遇金融风暴,石市行情普遍低迷,而长江画面石的销售却频频道喜。并且,其价格在去年的基础上,可谓成倍、数倍飙升!

"长江奇石之乡"四川江安,今年石友们在长江画面石销售上,一次成交额 4 万以上的就有 4 次,1 万至 3 万的有 8 次。可谓创 10 年之最。其中,3 月 10 日,朱先生的"八仙过海"等 5 枚长江画面石,被河南、重庆石友以 5.1 万成交价买走;4 月 24 日,杨先生一枚题为"礼仪之邦"的长江画面石,被宜宾石友以 8.8 万买走;5 月 10 日,缪先生的"佛从天降"等 8 枚长江画面石,被北京石友以 13 万成交价(其中"佛从天降"5 万)买走;5 月 18 日,朱先生一枚题为"春江水暖"的长江画面石,被云南水富石友以 4.8 万的成交价买走。

6 月 22 日,水富县举办的中国首届金沙江奇石艺术博览会上,一枚题为"哺育"的长江画面石(碳化石种),拍卖成交价创下 46 万的记录。

7 月中旬,宜宾县柏溪镇石友王道银的一枚题为"德天瀑布"的长江画面石(碳化石种),被一位北京石友以 18 万的成交价买走。

此外,今年全国多处举办的大型石展,也将画面石作为时下热捧隆重推出!

5 月 26 日,无锡新世纪国际文化广场,举办了盛况空前的首届中国画面石博览会。

6 月 14 日,上海市观赏石协会在中福古玩城举办了上海图纹石邀请展。

展会期间,画面石的销售异常火爆!特别是长江画面石的精品、上品石,市场上一经面世,就立刻受到收藏界名家、大家们的追捧……

看来,市场的行情的确印证了北京那位牧人先生所言:长江画面石可谓真正的文化石!

文化乃民族的血脉,人民的精神家园。正是因为长江画面石文化气息最为浓厚,她的骨子里始终流淌着民族的血液,所以她才与人民的心贴得最近,最受玩家、藏家们的青睐。难怪眼下低迷的市面她也如此走俏!

长江画面石由于其特殊的艺术个性,尤其是它所具备的意境美和丰富的文化内涵,最能让人感受到传统文化的精神漂泊与诗意栖居。因而使这一石种成了中国观赏石收藏领域最具文化艺术价值、最有潜力的投资收藏品牌。

长江石——这个曾经一度"藏在深闺人未识"的收藏新宠,其高雅的收藏品位和独特的文化艺术价值,已愈来愈受到世人的瞩目!

"德天瀑布" 长江石 长 20cm 高 25cm 宽 15cm
"Detian Waterfall". Changjiang Stone. Length: 20cm, Height: 25cm, Width: 15cm.

石情画意逐梦来
——记上海图纹石邀请展

文：钟陵强 Author: Zhong Lingqiang

Poetic Stones
Beautiful Painting:
The Shanghai Painting
Stones Invitation Exhibition

"仙风道骨" 大湾石 汪倩藏品
"Immortal Style". Dawan Stone. Collector: Wang Qian

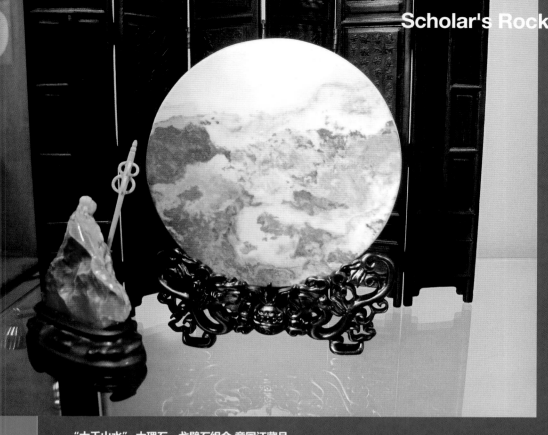

"大千山水" 大理石、戈壁石组合 章国江藏品
"Mountains and Rivers". Marble and Gebi Stone. Collector: Zhang Guojiang

大理石、广西草花石、辽宁岫岩彩石、戈壁彩纹石、乌江彩纹石等几十个石种。连黄龙玉、藏绿玉、阿富汗玉、水晶、玛瑙、化石中凡有精美图纹的都进入了他们的收藏视野。林林总总的天然图纹石，充分展现了自然造化的无穷奥妙，也寄托着收藏家们对人生的美好追求。

本届图纹石展的展示形式和风格也是异彩纷呈，有置于瓷盂内蓄水俯观的，也有立屏注水平视的；有画框壁挂，也有红木插屏的；有精配传统木座，也有异型特色座的；有单件独演的，也有组石联展的。总之收藏家们调动一切陈设手段，都为了更好地展示这些天珍的

图纹石的收藏、鉴赏活动，是海派赏石文化中的重要组成部分，彰显着上海石界海纳百川的情怀和气度。

为了检阅近年来上海石界图纹石的收藏水平，交流图纹石的鉴赏理念和赏玩形式，开拓鉴赏思路，弘扬海派赏石艺术，由上海市观赏石协会主办、上海市观赏石协会图纹石专委会和中福古玩城承办的"石情画意——上海图纹石邀请展"于2012年6月14日至20日在上海中福古玩城中央大厅精彩亮相。上海市观赏石协会徐文强会长出席开幕式并作了精彩发言，他感谢广大会员对石展的支持，并期望图纹石专委会在弘扬海派赏石文化中发挥更大作用。

这是沪上近年来举办的一次大型图纹石专题展，展会的品种丰富多彩，精品叠出。不仅有传统名石——南京雨花石，还包括难得一见的南极海卵石、台湾玫瑰石、江西竹叶石、三峡流纹石，以及黄河石、长江石、贵州页岩石、云南

"和谐世界" 雨花石组石立屏 丁荣铨藏品
"Harmonious World". Yuhua Stone. Collector: Ding Rongquan

"宁静致远" 台湾玫瑰石 杨少卿藏品
"Tranquility". Taiwan Rose Stone. Collector: Yang Shaoqing

"敦煌壁画" 雨花石 陈抒博藏品
"The Dunhuang Frescoes". Yuhua Stone. Collector: Chen Shubo

位藏家中，既有年过七旬的沪上老收藏家蔡畦、周文秀、钱自良、丁荣铨、张荣山、高朝明等，也有一批及近年来在上海石界崭露头角的收藏新锐。

在中福古玩城的中央展厅内，琳琅满目的参展石种、多样化的展陈形式，得到上海市观赏石协会创会会长、原上海自然博物馆常务副馆长杨松年的赞赏，更令前来参观的上海市民流连忘返，大呼过瘾，纷纷举起手中的相机留下美石的倩影，有的还在观众留言薄上留下自己的感言："石情画意天之作，美在中华展神采"、"赏心悦目，陶冶情操"、"鬼斧神工，叹为观止"、"石展七彩斑斓，令人耳目一新，养眼、养人、养心"……

人们总愿意以"无声的诗，不朽的画"来赞美图纹美石。的确，当人们流连忘返地置身于这个充满"石情画意"的美石世界，细细品味这大大小小的图纹美

造化之美！

展会上的数百件精品，主要来自沪上数十位收藏者。上海市观赏石协会常务副会长俞莹、副会长高琦、施刘章，图纹石专委会正副主任钟陵强、史解源、王永奎、汪倩都积极携石参展，中国赏石协会科学顾问周易杉、王贵生等也热情支持，送来自己的藏品。昆山市观赏石协会副秘书长刘先令、在无锡全国画面石大展中荣获金奖的江正富等石友也应邀友情参展。在应邀参展的近60

"圣诞老人" 长江石 钟陵强藏品
"Santa Claus". Changjiang Stone. Collector: Zhong Lingqiang

石时，一定会情不自禁地惊叹大自然的神奇，更会惊叹藏石家们善于发现的慧眼和匠心独运的巧思！

本届图纹石专题展，在中福古玩城的大力支持下，着力于在上海赏石界搭建务实交流、传播石文化的平台，不收参展费、不请客、不评奖（发参展荣誉证书），得到参展石友的理解和支持。协会的几位精干的义务筹展人员，同时又兼布展、宣传和值班，大家讲互助、讲奉献，特别是协会干事陆祥明、邱振培先生。另外石童先生精心摄影、热心报道，陆续在国内多家石网上作了大量义务宣传，扩大了石展的影响。这些都得到广大石友的赞扬。

石展结束后，图纹石专委会打算认真总结经验，在秋季择时举行上海图纹石鉴赏研讨会。

"天律偶对" 水冲石 石尚金典藏品
"Perfectly Match" . Shuichong Stone. Collector: Shi Shangjin

"古韵" 雨花石 徐秉华藏品
"Archaic Rhyme" . Yuhua Stone. Collector: Xu Binghua

展场一角

珍品典藏

"大江东去" 龟化木 长 55cm 高 23cm 宽 13cm 武林虎藏品

大江东去

文：武林虎

"滚滚长江东逝水，浪花淘尽英雄，是非成败转头空……"
一首词唱罢，人生犹如一场游戏，往事如烟，举目视也朦胧。
今事如水，俯首何惧向东。

"梅园对酌" 历山梅农石 长 20cm 高 25cm 宽 10cm 候桂林藏品

梅园对酌图

文：候桂林

老夫爱石皆缘情，
羞沾名利守清贫。
平生梅花为知己，
亦奇亦幻养疏慵。

"江山多娇" 长江石 长 21cm 高 16cm 宽 5cm 李建云藏品

江山多娇

文：雷敬敷

云破日出霞满天，
群峰耸峙豪兴添。
江山多娇情未了，
姹紫嫣红绘新篇。

"肘子" 沙漠漆戈壁石 长 9.1cm 高 8cm 宽 8cm　刘智儒藏品

肘子

文: 雷敬敷

　　"民以食为天"石界对"肉石"情有独钟,台湾故宫博物院的一枚"红烧肉"的玉质肉石因为可以以假乱真而成了镇馆之宝。刘智儒的这枚"肘子"的肉石则另有一番情趣,不但有皮、有肉、还有骨,正可谓精神十足。特别是那沙漠漆的鲜色,正是"红烧肉"所至,肉皮煮熟后的皱褶和凸起的毛孔处,让"肘子"有了温度,令人谗涎。以此石飨同好者,当有拍案惊奇的美感。

"智慧的头脑" 长江石 长 30cm 高 38cm 宽 12cm
凌峰藏品

智慧的头脑

文: 石上清泉

　　是古希腊的先哲柏拉图、亚里士多德,还是西方伟大的智者黑格尔、爱因斯坦?
　　一位睿智的长者,仿佛春风化雨,润物无声地为我们指点迷津,给我们人生的启迪。
　　一方智慧的石头,从自然山水中来。东方的孔子曾说: 仁者在山的博大和伟岸中,积蓄和锤炼自己的仁爱之心; 智者涉水而行望水而思,以碧波清流洗濯自己的睿智。
　　这方智慧的石头,让我们更爱大自然,更爱这自然山水。

回首

文: 武林虎

收起夜游的秉烛,
不再因等闲而白头。
放下忙碌的影子,
不用为生活而奔波。
暮色来临,
披一背霞光,
回首,
往事如香炉里的烟,
若大空间,
扬几缕思绪于赏石人。

"回首" 戈壁石组合 板长 35cm　武林虎藏品

"雏鸟" 长江石 长 15cm 高 11cm 宽 8cm 李茂林藏品

雏鸟

文: 百合

孩童最近佛，
雏鸟犹堪怜。
清纯透澈总是善，
灵巧雅致合天然。

"龙腾盛世" 汉江彩陶石 长 16cm 高 20cm
宽 10cm 杨有志藏品

龙腾盛世

文: 杨有志

青霄揽胜凌云志
四海腾龙民族魂

"密码玄机" 长江石 长 23cm 高 28cm
宽 12cm 王毅高藏品

密码玄机

文: 王毅高

小说《达·芬奇密码》，讲述罗伯特·兰
登用字母的排序和数字智力难题，揭开
了一个国家宝藏迷案！这组由上帝写在
长江石上的一串英文字母与罗马数字，
是解开长江石宝藏的密码！正期待着下
一个罗伯特·兰登。

"龙云峰" 太湖石 长 15cm 高 33cm
宽 10cm 侯桂林藏品

龙云峰

文: 侯桂林

冠云端云玉玲珑，
我今收下龙云峰，
皱瘦漏透非凡品，
太湖石甲有流风。

如何得到《中国盆景赏石》？
如何成为我们的一员？

中国盆景艺术家协会第五届理事会个人会员会费标准

一、个人会员会费标准

本会全国各地会员（2011年办理第五届会员证变更登记的注册会员优先）将享受协会的如下服务：

1. 会员会费：每人每年 260 元。第五届协会会员会籍有效期为 2011 年 1 月 1 日至 2015 年 12 月 31 日。

协会自收到会费起将为每名会员提供下列服务：每名会员都将通过《中国盆景赏石》通知受邀参加本会第五届理事会的全国会员大会及"中国盆景大展"等全国性盆景展览或学术交流活动；今后每月将得到一本协会免费赠送的《中国盆景赏石》，全年共 12 本，但需支付邮局规定的挂号费（全年 76 元）。

2. 一次性交清 4 年（一届）会费者，会费为 1040 元，并免费于 2011～2015 年中被《中国盆景赏石》刊登上 1 次 "2011 中国盆景人群像" 特别专栏（每人占刊登面积小于标准的 1 寸照片）。同时该会员姓名会刊登于 "本期中国盆景艺术家协会会员名录" 专栏 1 次。请一次性交清 4 年会费者同时寄上 1 寸头像彩照 3 张。

二、往届会员交纳会费办法同新会员

多年未交会费自动退会的老会员可从第五届开始交纳会费、向秘书处上报审核会员证信息、确认符合加入第五届协会会员的相关条件后可直接办理变更、更换为第五届会员证或理事证。

如何成为中国盆景艺术家协会第五届理事会理事？

一、基本条件：

1. 是本协会的会员，承认协会章程，认可并符合第五届理事会的理事的加入条件和标准。

2. 积极参与协会活动，大力发展协会会员并有显著工作成效。

二、理事会费标准：中国盆景艺术家协会第五届理事会理事的会费为每人每年 400 元。每届 2000 元需一次性交清。以上会费多缴将被计入对协会的赞助。

三、理事受益权：除将受邀参加全国理事大会和协会一切展览活动之外，每月将得到协会免费赠送的《中国盆景赏石》一本，连续免费赠送 4 年共 48 本，但需支付邮局规定的挂号费（全年 76 元）。

本届 4 年任期内将登上一次《中国盆景赏石》"中国盆景艺术家协会本期部分理事名单" 专栏（请交了理事会费者同时寄上 1 寸护照头像照片 3 张）。

【已赞助第五届理事会会费超过 10000 元者免交第五届理事费】

四、往届理事继任第五届理事的办法同上：多年未交理事会费自动退出理事会的往届理事可从第五届开始交纳理事会费，向秘书处上报审核理事证信息、经秘书处重新审核及办理其他相关手续后确认符合加入第五届理事会的相关条件后可直接办理变更、更换为第五届理事证。

如何成为中国盆景艺术家协会第五届理事会协会会员单位？

一、基本条件：

1. 承认协会章程，认可并符合第五届理事会的协会会员单位的加入条件和标准。

2. 积极参与协会活动，大力发展协会会员。

3. 提供当地民政部门批准注册登记的社会团体法人证书复印件。

二、协会会员单位会费标准（年）每年获赠《中国盆景赏石》一套【12 本】。

会费缴纳标准如下：

1. 省级协会：每年 5000 元。

2. 地市级协会：每年 3000 元。

3. 县市级及以下协会：每年 1000 元。

会员单位受益权：除将受邀参加全国常务理事大会和协会一切展览活动之外，每月将得到协会免费赠送的《中国盆景赏石》1 本，连续免费赠送 4 年共 48 本，但需支付邮局规定的挂号费。

本届 4 年任期内将登上一次《中国盆景赏石》"盆景中国"人群像至少一次。

加入手续：向秘书处上报申请报告，经协会审核符合会员单位相关条件并交纳会员单位会费后由协会秘书处办理相关证书。

中国罗汉
研究示范

把享有罗汉松皇后美誉的"贵妃"罗汉松接穗嫁接到其他快速生长的罗汉松砧木上，生长速度比原生树还快几倍，亲和力强，两年后便能造型上盆观赏，这种盆景的快速成型的技术革命是谁完成的？是在哪里完成的？

汉松生产
基地 在北海
In Beihai

全国十大苗圃之一
2009 年

广西银阳园艺有限公司——中国盆景艺术家协
会授牌的国内罗汉松产业的领跑者和龙头企业

中国盆景艺术家协
会授牌的国内罗汉松产业的领跑者和龙头企业

贵妃罗汉

廣東真趣園全景

品名：真趣松
命名：蛟龙探海
规格：飘长238cm
作者：广东真趣园

中国真趣松
科研基地

谁经过多年的科学培育，大胆创新，培育出了世界首个海岛罗汉松的植物新品种——"真趣松"？

报道：2010年3月，国家林业局组织专家实地考察，技术认证，确认"真趣松"为新的植物保护品种并向广东东莞真趣园颁发了证书。

广东真趣园一角

地理位置：广东东莞市东城区桑园工业区狮长路真趣园
网址：www.pj0769.com
电话：0769-27287118
邮箱：1643828245@qq.com

主持人：黎德坚

广东真趣园六周年志庆

中国盆景艺术家协会部分会员
年费续费公告

　　紧急通知，敬告各位只交了 2011 年一年会费、现在需要续交 2012 年年费的会员：

　　所有加入了中国盆景艺术家协会第五届理事会（会员期：2011-2015 年）的会员中仅交纳过 2011 年一年会费的会员，请您在本年度 12 月 1 日前将您 2012 年的会费汇至本会。本会收到您的续交会费后，将一如既往地为您提供会员活动内容，包括本会将于 2013 年起每年都会推出的各项国家级盆景大展上的会员活动及每月寄赠与您的《中国盆景赏石》。入会时已经一次性交了五年会费的会员不在此通知范围内，可以不必理会本通知，但个别只交过 2011 年一年会费的会员务必在看到本期通知后迅速与秘书处联系会费续费事宜（秘书处电话：010—58690358），以免因为未按会员章程交纳会费而自动失去所有会员所享有的会员权益。

　　请上述有关会员于 12 月 1 日前尽快将下一年度会费汇款至中国盆景艺术家协会。

　　会员一年的会费费用为 336 元：其中含一年的会费 260 元和一年 76 元的会刊挂号邮寄服务费，一次性缴纳至 2015 年度会费的会员，将优先被刊登于《中国盆景赏石》中的首页人像照片栏目——我们来了。

　　本费用缴纳的截止日期为：2012 年 12 月 1 日

会费邮政汇款信息：

收款人：中国盆景艺术家协会（不要写任何个人的名字汇款，以免本会无法收取此款，寄款时务必写明缴款人寄书地址、手机、电子邮件地址，以免无法准确全面地录入您的缴款信息。）

邮政地址：北京市朝阳区东三环中路 39 号建外 SOHO16 号楼 1615 室　中国盆景艺术家协会

邮编：100022

"春回大地" 合山绿彩陶 长 80cm 高 60cm 宽 36cm 李正银藏品 摄影：苏放
"Spring Comes Back". Heshan Green China Stone. Length: 80cm, Height: 60cm, Width: 36c
Collector: Li Zhengyin. Photographer: Su Fang